可装裱的
英国博物艺术

〔英〕安德烈娅·哈特　编著
许辉辉　译

商务印书馆
The Commercial Press
2019年·北京

涵芬楼文化 出品

目 录

前　言

不列颠群岛的自然变迁是一个独特又非凡的故事。这里没有其他大陆上那些更大型的陆生脊椎动物与植物，其野生生物的特殊性吸引并启发了数百年来几代的博物爱好者。这些生物在许多人的童年生活中扮演着重要角色，在故事里尤其如此。不列颠群岛上某些最具代表性、最招人喜爱的生物在孩子们钟爱的经典故事书中活灵活现，它们包括：比阿特丽克斯·波特作品《迪基·温克尔太太》中的刺猬、罗尔德·达尔作品《了不起的狐狸爸爸》中的狐狸，还有肯尼斯·格雷厄姆作品《柳林风声》中可爱又古怪的蟾蜍、老鼠、鼹鼠和獾。这些精彩的拟人角色促使读者们对大自然产生了初步的兴趣，进而与之接触。

对许多人来说，童年时与自然相关的言语、画面或行为互动都能滋养一种兴趣，这种兴趣使他们渴求继续探索、理解并记录自然的多样性与各种进程。如此，经过数世纪累积形成了一个在未来也将继续累加的知识综合体，对于我们理解自然界、理解其未来的保护与可持续性来说，它变得至关重要。

本书使用了伦敦自然博物馆图书馆与档案馆的大量艺术精品，探索了不列颠群岛的自然多样性，解析了此地的地质、植物与动物是如何被观察、记录并描绘的。它同时还呈现了一场视觉盛宴，展现了过去三百年来博物艺术家们惊人的技艺，并礼赞了英国野生生物迷人的多样性。

英国动植物的变化

漫长又复杂的地质变化过程为不列颠群岛创造了丰富的地质史，这不但为多种多样的经济资源奠定了基础，还有力地影响了群岛的动植物多样性。此地复杂多样的地质层中拥有几乎所有主要地质年代中的岩石种类。其中有四个年代的名称和英国历史直接相关：寒武纪的英文Cambrian源自威尔士语的Cymru一词，后者的意思即为威尔士；泥盆纪的英文Devonian是以英国德文郡（Devon）命名的；还有奥陶纪Ordovician和志留纪Silurian，两者都以凯尔特人的威尔士部落命名，它们分别是奥陶部族（Ordovices）和志留部族（Silures）。这些名字反映了英国地质学家在19世纪初期于地质年代表构建系统中的主导地位。而最先确认岩层或地层及其包含的化石群代表了连续地质年代的人，也是英国的地质学家威廉·史密斯（1769–1839年）。史密斯出版了英国的首张地质图，其区域涵盖了1815年的威尔士和部分苏格兰（见第5页）。他所从事的渠道测量工作以及在全国各地旅行时对岩石的观察，为这幅地图奠定了基础。令人叹服的是，在出版两百年之后，这幅地图仍然可谓精确地呈现了英国的地质情况。

不列颠群岛的动植物种类及分布受冰期影响，这些间断的年代带来极端的气候，并周期性地形成陆桥，将群岛和欧洲大陆连接起来。大约一万年前，最后一次冰川消退之后，这里的动植物才被彻底隔绝。在陆桥存在的年代，一些物种从欧洲大陆迁移至此，因此英国有众多生物是欧洲相应生物的

普通刺猬（右页图）
（*Erinaceus europaeus*）
有诸多棘刺的刺猬是英国最具代表性的哺乳动物之一，不过人们认为其数量正在急剧下降，栖息地的减少是影响因素之一。它们的每根刺都会在大约一年后脱落，再长出新刺。它们的视力很弱，但极其敏锐的嗅觉弥补了这一缺憾，令人惊讶的是，它们非常善于游泳和攀爬。

爱德华·威尔逊
（1872–1912年）
纸上水彩画
1905–1910年
250mm × 174mm

E.A.Wilson.

亚种。群岛的地理位置和气候环境也影响了其野生生物及植被的分布范围与多样性：由于群岛位于大陆的边缘，这里也为候鸟提供了重要且受欢迎的寻访地点，这一点令鸟类学家十分欣喜。

冰期的作用使不列颠群岛少有地方性物种或原生种。在漫长的岁月里，许多物种从大陆被引入此处，植物尤甚。18世纪末至19世纪，人们疯狂搜索新的植物种类，对当时世界未开发地区的远征探险使英国人在这段时期见证了最大幅度的植物引进。此后，全球旅行逐步增多，新运输方式的出现——比如沃德箱（便携式迷你密封玻璃温室）——使异域植物能在更长的旅途中存活，这些进步也为许多害虫和入侵物种大开方便之门。无论是有意还是偶然引进，引进物种对英国生态的影响并不总是有益的。许多非本土物种都是无害的，但有些入侵动植物对本土物种造成了毁灭性的影响。它们或是大量捕食本土物种减少其数量，或是在栖息地和资源夺取中占据优势并造成环境损害。这些物种包括虎杖（*Fallopia japonica*）、东美松鼠（*Sciurus carolinensis*）、信号小龙虾（*Pacifastacus leniusculus*），还有美洲水鼬（*Neovison vison*）。有些入侵物种携带着诸如马铃薯疫病和荷兰榆树病等疾病，它们不仅威胁到了本地生物多样性，还对农业、林业和渔业等经济利益体造成有害影响。如今，本土物种的数量还在持续减少，其中一些物种已面临灭绝的境地，比如欧梣（*Fraxinus excelsior*）。而引进物种或外来物种却欣欣向荣。

近年来，气候变化所带来的影响越来越明显，改变了昆虫的习性、物种繁育模式以及植物的开花期和结果期。比如刺猬，它们的数量在过去70年里急剧减少，部分原因是变暖的冬季影响了它们的冬眠期。《英国非本土入侵物种战略框架》（2015年）预测，未来，气候变化将继续对生物多样性产生实质性的影响，并继续影响本土物种的分布，使非本土物种变得更加常见。

人类社会也起到了同样重要的作用，影响了英国的地貌、生态系统以及其中生活的动植物组合，导致了物种的改变与灭绝。在20世纪，工业及经济的影响显然是最明显的，人类长期操控自然界，以至于如今少有真正的原始自然环境幸存。英国曾完全由古老的原始森林覆盖，然而据2016年的一份报告称，英国如今已是欧洲林地最少的国家之一，只有10%的国土种有树木。1760年的第一次圈地

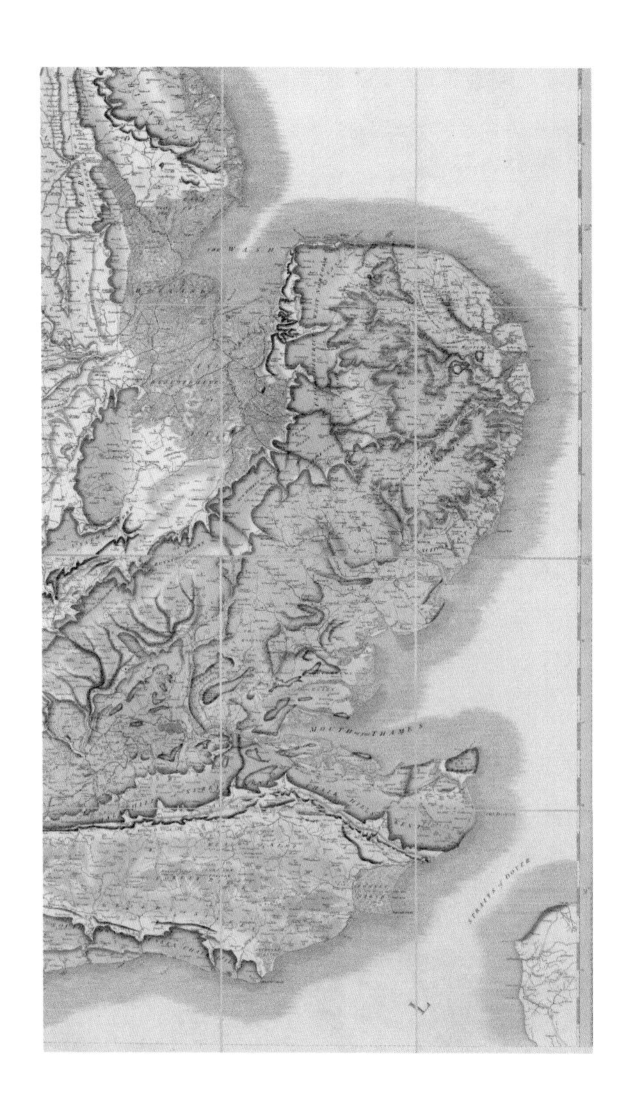

威廉·史密斯的地质图的一部分（九分之一），地图名为《英国与威尔士地层绘图，含部分苏格兰地质图》

史密斯率先确认了地面下的岩层遵循特定的模式排布，他发现自己可以根据观察结果预测不同地点地层的位置。1815年，他出版了第一张英国地质图。每一份地质图都是手工着色，用不少于20种颜色区分不同的地层，并以一种褪色着色技术来指示岩石的年龄（颜色越深，岩层越古老）。

威廉·史密斯（1769—1839年）
手工着色雕版画
1815年
1055mm×630mm

运动引发了农业革命，商业与农业发展耗干了湿地生态系统的水分，并以其他形式毁灭着生物栖息地，这一切都影响了野生生物的分布范围，有时甚至完全摧毁了其分布领域。英国物种恢复信托机构估计，自1814年以来，英国已有421种生物灭绝。有些灭绝过程发生的时间更近些，这些物种包括某些蜂、甲虫、蜻蜓、蝴蝶和真菌。更早灭绝的物种被记录在化石中，其中包括洞狮、猛犸象，以及历史记载的麋鹿、猞猁和野猪。1680年，人们在英国最后一次观察到狼。

天然植被改变最少的两处栖息地是海岸和山脉。长期以来，沿海植被尤其吸引着植物学家的注意力，因为它拥有多种多样的栖息地和变化条件，使得形形色色的植物在这里生长，并适应了异常严酷的环境。海岸线是许多珍稀且美丽的植物的家园，这里环境条件多变，人类活动造成的破坏也比较有限，因此植物的演替也最为明显。芭芭拉·尼科尔森（1906－1978年）正是在这样的生态环境里画出了她笔下的英国植物栖息地。她受伦敦自然博物馆委托，参与绘制一个教育海报系列，其优美的构图不仅展示了不列颠群岛各种栖息地中的植物多样性（包括草原和高沼地），最重要的是，这些绘画还从科学层面上非常精确地呈现了栖息地中生长的植物种类。

早至罗马时代，人们便在住宅附近有计划地栽培本土植物及其近亲。数千年来，花园不仅为装饰性植物和农作物提供了种植环境，同时也成为了自然界野生生物的避难所。虽然这些人造环境是碎片式的，但它们长久以来为人们观察及支持野生生物的生长提供了机会。不管怎样，即便许多动植物都适应了在城市中挣扎求存，乡下依然是大多数英国物种的首选栖息地。城镇中一直都有小片的绿地，不过只有离开城区，你才能真正观察到自然界的美丽及其不可预见性。尽管自然及其居民遭受了人类施加的种种限制，并且无可避免地被后者依赖，但它们总是能找到方法改变或绕过这些控制。

记录英国自然变迁

博物书籍的出版，尤其是英国博物书籍的出版，横跨了印刷、通讯、艺术、文化、宗教、哲学与政治等方面的历史。早在15世纪初，活字印刷术出现的许久之前，人类就已经开始发表对自然界的研习报告了。其中一个例子是普林尼的《自然史》，它是伦敦自然博物馆图书馆里最古老的书籍。在1469年印刷出版之前，《自然史》一直以手稿的形式幸存下来，它是普林尼（公元23－79年）生前以拉丁文著述的，旨在记录当时人们已知的自然中的一切。一等大规模印刷可行之时，对自然界的研究范围便更加广泛。事实证明，激增的知识对许多伟大的

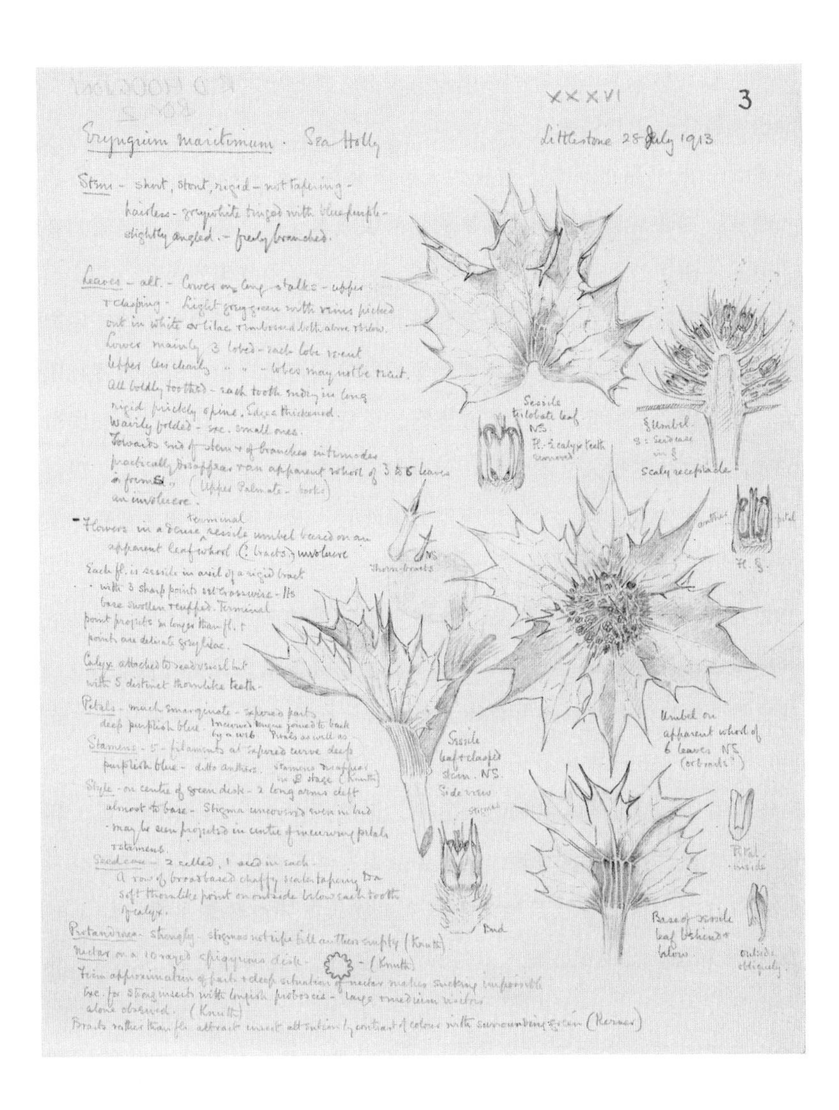

滨海刺芹

（*Eryngium maritimum*）

滨海刺芹是生长于移动沙丘上的典型植物，可以长到2.4米高。它的叶子呈坚硬的革质，能有效减少旱季时的水分蒸发。霍奇森这张画作中的样本是他在利特尔斯通发现的，那是肯特郡新罗姆尼附近的一处砂质海滩。

罗伯特·迪里·霍奇森（活跃于1909−1947年）

纸上石墨画

1913年

253mm×202mm

自然学者产生了意义深远的影响，因为这引发了他们的兴趣和热情，尤其在面对特定动植物群体时更是如此。

早期印刷的书籍很昂贵，被视为一种奢侈品，对于那些无法完全负担其费用的人而言，书通常是借看又或共享的。出版成本往往过高，特别是因为要使用凸版印刷法（使用凸起的印版）印刷文本，另外还必须使用凹版印刷法（与凸版相反，图画以雕刻的形式刻入印版表面，并在凹槽中涂上墨水）单独印刷附图。不过有插图的书能够更清楚地阐释博物学发展中的诸多社会构成，包括社团形态以及为了深入研究学科而进行的无数旅行、远征探险与个人努力。不列颠群岛的博物学有数不胜数的相关文献作品，但有时它们很难出版，过去如此，现在依然如此，尤其是在主题研究过少或是吸引力有限时，哪怕这个研究主题有优质的信息也一样。

19世纪出版过一些装帧精美、内容丰富的博物书籍，它们大都关注于鸟类。其中最杰出的著作之一是利尔福阁下的《不列颠群岛鸟类彩色图鉴》，它出版于1891年至1897年。利尔福男爵四世托马斯·利特尔顿·波伊斯住在北安普敦郡的利尔福堂，他在庄园里修筑了一处巨大的鸟舍，里面有许多珍稀的鸟类。作为1858年英国鸟类学会的八名创始人之一，正是他在19世纪80年代从意大利向英国引进了纵纹腹小鸮。利尔福著作的主要插画家是苏格兰画家阿奇博尔德·索伯恩（1860–1935年），这位技艺精湛的野生生物画家终生热爱鸟类。他为出版物画过268幅水彩画，图书馆收藏了其中5幅。博物馆中还有18幅索伯恩所绘的哺乳动物水彩画。

不列颠群岛的植物记录可回溯至12世纪，那时的人们以本地化的记录形式观察并记录周围的环境。早期记录中的大多数文字都局限于本地信息，因为那时的人们大都在同一个乡村里出生并死去。吉尔伯特·怀特（1720–1793年）便是如此，他住在汉普郡的塞尔伯恩村，他对此地自然的观察论述不仅让人增长见闻，同时对英国博物学的记录有深远的影响。怀特是典型的早期英国博物学家，这些人大都是教士，研究自然是为了更了解上帝及其造物。先不论动机，怀特的最终观察成果使他得以完成博物学上最独特的出版作品之一。该著作名为《塞尔伯恩博物志》（1789年），其唯一的资料基础就是怀特对教区环境一丝不苟的观察，旨在以一种他可以呈现“动物的生活与交流”的方式为读者提供信息。

怀特这本著作的独特性源于他与当代两位杰出的博物学家长达14年的通信，他们是托马斯·彭南特（1726–1798年）和戴恩斯·巴林顿（1727–1800年）。信件内容涵盖了他的观察结果以及博物学相关问题与思索。书中内容为观察日记注释，并有第一手自然资料的记录——诸如鸟类的出现、植物的发芽和开花以及其他自然现象，这种记录风格在当时是很新颖的，而且事实证明，它为未来的野外观察和科学写作方式提供了至关重要的灵感。另外，它阐释了个人的贡献对于科学知识累积的重要性。怀特的作品拥有长久的吸引力，这种吸引力源自其生动的记录、清晰的文字，以及他基于观察并通过其他感官（不仅仅是简单的视觉描述）将自然描绘得栩栩如生的能力。通过这部作品，怀特得以热情地赞颂迷失在自然中的善与悦。在该书出版十年后，史上最著名的博物学家之一，亚历山大·冯·洪堡（1769–1859年）出发前往拉丁美洲旅行。这一次改变人生的探险不仅促使洪堡为包括生物地理学在内的许多现代科学分支奠定了基础，也使他得以发展出一种对自然的整体理解，这种理解不仅基于科学的观察和测量，同时也源自对周围世界的感受和情绪反应——这一点与怀特相似。洪堡的著作激励并影响了几代的思想家、作家、诗人与博物学家，其中包括崇拜他的查尔斯·达尔文（1809–1882年）。

精确地记录及确定所有英国物种的当前状况并维持这些记录，始终都是一项不间断的挑战。自18世纪中期始，英国博物学社团及野外俱乐部大量形成，他们对科学的持续研究变得至关重要，对于物种监测来说尤其如此。地区或郡县记录者会汇报地区植物——比如不列颠群岛植物学会的成员，其他研究野生生物的特定群体也有其他监测计划——比如蝙蝠保育基金会、自然英格兰或英国鸟类信托基金会。有组织的数据收集非常重要，因为对于任何一个物种来说，没有任何个人的知识能永远都合理、有效或充足。

在提供论坛和学习机会、通知政策方针、支持并参与野生生物相关的公众议题及自然知识普及等方面，专业社团及组织始终都扮演着重要的角色。另外，他们从旁强调了因栖息地减少或毁灭，又或因引进异域物种而对英国野生生物造成的威胁。有些英国物种曾大量减少或灭绝，在成功再引进和重建种群的过程中，一些社团也起到了重要作用。近期的再引进计划包括向苏格兰东部引进白尾海雕、向英国和苏格兰引进赤鸢、英国皇家鸟类保护协会为威特利斯的内内沃什自然保护区引进长脚秧鸡，以及一些蝴蝶（包括从瑞典再引进不列颠群岛的嘎霾灰蝶）。

显微镜的出现是科学发展史中的一个里程碑，印刷字画清晰展示了它的历史及应用。显微镜是在17世纪20年代发明的，但直至17世纪60年代，它才被广泛运用于研究，并从之前人们无法想象的层面实践科学理论、辅助观察和调研、揭示此前不可见的细节。安东尼·范·列文虎克（1632–1723年）是显微镜的首批生物学使用者之一，他用它来观察细菌和原生动物。但是，使显微镜在理解生物学的过程中变得举足轻重的，却是英国人罗伯特·胡克（1635–1703年），他的著作《显微图谱》出版于1665年，描述了他的显微观察结果。胡克的书中有精细复杂的雕版画，这使它变得更具吸引力，同时，本书也引起了更广泛的公众兴趣，这不仅是因为它阐述了显微镜学，更是因为它揭示了一个隐秘的自然世界。

古列尔玛·利斯特（1860–1949年）和她父亲阿瑟·利斯特一起对黏菌进行了开创性的研究，显微镜对她的研究来说非常关键。对于这种研究很少的森林微生物，利斯特不仅对它们进行了研究论述，还在她无数研究笔记中画有它们的插图。她将这些笔记都捐献给了英国真菌学会，她是学会的创建者之一，并且在1912年至1932年间担任学会的会长。爱尔兰动物学家爱德华·瓦莱（1803–1873年）同样使用了显微镜研究英国有孔虫类（主要为海生的微型有机体），他在北海挖泥收集它们，并于1867年发表了《不列颠科学协会科学发展报告》。这份报告附有引人注目的黑白插图，在对称性与风格上，它们和德国生物学家恩斯特·海克尔的著作《自然界的艺术形态》（1899–1904年）中的插图相似。后者是一本很有影响力的作品，帮助普及了有孔虫类，尤其是放射虫类（海洋中发现的浮游原生生物）的知识。艾伯特·D. 迈克尔（1836–1927年）研究的是更小的甲螨（一种土壤螨类），它们的大小居于0.2毫米至1.4毫米之间，他的研究如今被视为经典项目。这些螨虫是土壤动物中最丰富多样的类群之一，人们认为它们对人类和植物无害。它们的进食习性有助于促进土壤中有机物质的分解，使之形成重要的有机物，维持土壤的健康和肥沃。博物馆中收藏着迈克尔的样本和载玻片藏品，还有他的专题著作《英国尘螨》中的画作原件。

如今，我们很幸运地能够以原始印刷件或电子形式接触到几乎所有的书籍

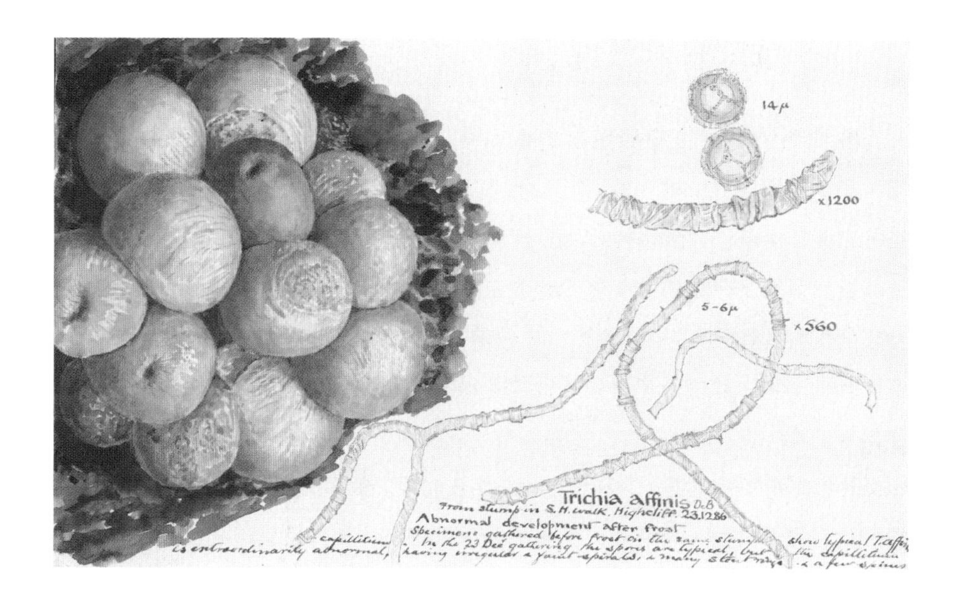

变形虫门，黏菌纲

（*Myxogastria, Amoebozoa*）

黏菌可以聚集在一起，像一只巨大的变形虫一样慢慢地在泥土中或树干上爬行，捕食藻类、真菌和细菌等生物。利斯特是一位黏菌专家，她与父亲密切合作研究黏菌。两人共同发表了很多关于黏菌的开创性作品，其中许多都有她的精确插图支持论述。

古列尔玛·利斯特（1860–1949年）
纸上水彩画
1886年
156mm×255mm

和杂志。有许多书会从市场上消失，之后就只能在图书馆中找到，而图书馆员和出版商们做出了相当大的努力，采取如生物多样性文献图书馆这样的非营利合作方式，使人们能够在线浏览这些书，这样的努力在过去十年中尤甚。技术切实地开辟了我们接触自然界的方式，其规模甚至远超过查尔斯·达尔文或阿尔弗雷德·拉塞尔·华莱士的想象。印刷术的诞生不仅使我们能轻松探知不列颠群岛丰饶的自然多样性，还提供了大量的博物学文献，并为促进共享自然界知识与见解提供了基本的起点。

描绘英国自然状况

在博物馆图书馆及档案馆的藏品中，描绘英国自然的最早画作属于约翰·蒂伦尼乌斯（1684–1747年）、埃利埃泽·阿尔宾（1690–约1742年）和彼得·布朗（活跃于1758–1799年）。蒂伦尼乌斯是牛津大学的植物学教授，也是瑞典自然学家及分类学家卡尔·林奈（1707–1778年）的同行，他创作了优美又精细的植物墨笔插画，并为之附文，只是它们从未发表。阿尔宾是18世纪最早且最伟大的动物书籍插画家之一，他的《鸟类志：1731–1738年》一书是最早全书使用手工着色版画的英国鸟类书籍。布朗以绘画昆虫、鸟类和贝壳闻名，他的很多画作都使用了犊皮纸，这种纸张以小牛皮制成。很多历史艺术家都喜欢使用犊皮纸这种媒介，因为它能让人绘出更精美的细节，使作品呈现出近乎立体的质地。在这个时期，蝴蝶和贝壳是最受欢迎的自然绘画对象与收藏品。

18世纪，在科学知识发展过程中，对主题的视觉呈现变得非常重要。对于科学而言，最理想的方式是精确的描述文本配有图像补足，以对主题进行最完整地呈现。准确性也非常必要。在可以单独使用文本的情况下，若是配上了错误或模糊的插图或附文，这些信息就失效了，并且可能导致误解或物种混淆。对于从未见过的物种，如果只有传闻与文字描述再加上仅基于动物某些部位的插图，有时会创造出虚构的生物。有趣的是，在出现新的科学知识与见解时，许多插画比它们的文本描述更经得住时间的磨砺。

直至17世纪欧洲开始建造植物园，人们对植物的科学研究才有了坚实的中心据点。在草药书里找到的早期植物绘图常常搭配着粗糙的木版印刷，而且其中许多图画都是从一本书复制到另一本书的。印刷术的发展最终促成了更精细的绘图，它们变得更清晰、更准确，所描述的科学进程也促使人们得以更准确地鉴别物种。到了现代，随着数字技术的蓬勃发展，图画创作技术发生了重大的改变，不过艺术家们的原始创作技巧一如既往。科学绘画的局限性令艺术家们必须以某种系统的、机械的方式描述对象，但许多插画本身就是一幅艺术作品，可以为人们提供纯粹的美学感受。

为了创造令人信服的精确绘图，插画家们必须对描绘对象有一定的理解与

领会，他们只能通过细致的观察做到这一点。对于科学插画，尤其是动物插画来说，画家们可能还得有描绘动作和生机的能力，并且能捕捉到对象的分类特质，使之可被鉴别。在显微镜大量面市之前，早期动物插画家们还未能获得动物的显微细节，因此他们的插画更多像是肖像画。尽管如此，这些肖像中肉眼可见的细节都画得一丝不苟。从插图中还能看出艺术家观察的对象是死是活。萨拉·鲍迪奇（1791–1856年）为了画出英国鱼类的杰出画作，会坐在河边等到人们捉住活鱼，这样她就能看见它们真正的色彩，因为鱼类死后会迅速褪色。

描绘英国野生生物的艺术家有各种各样的风格和作画动机，对于单独的自然观察者来说，这在很

丁鱵

（*Tinca tinca*）

丁鱵是一种淡水鱼，这种绿褐色的鱼侧面是金色，腹部是奶油色，嘴角有两条触须。鲍迪奇想尽办法观察到了活的描绘对象，这样她就能核实她所需的相关信息，尤其是它们的色彩，因为鱼类在死后会迅速褪色。

萨拉·鲍迪奇（1791–1856年）
纸上水彩画
约1828年
274mm × 343mm

大海雀
（*Pinguinus impennis*）
1839年，麦吉利弗雷画了这张大海雀，五年后，这一物种灭绝。他的画作模特是两个标本，一个属于伦敦自然博物馆，另一个属于美国鸟类学家约翰·詹姆斯·奥杜邦。

威廉·麦吉利弗雷
（1796–1852年）
纸上水彩画
1839年
770mm×560mm

大程度上取决于他们想达到什么样的目的，又或是取决于接受出版任务者被要求如何表达，比如受画廊所托。摩西·哈里斯（1730–1788年）和玛格丽特·封丹（1862–1940年）都描绘过他们对昆虫生命周期的研究：哈里斯的画大且抢眼，是为昆虫学出版著作所画；而封丹的画出现在她的个人笔记里，又小又精致，不过细节一样精确。在鸟类和哺乳动物的描绘风格上，威廉·麦吉利夫雷（1796–1852年）和他的好友约翰·詹姆斯·奥杜邦（1785–1851年）相似。两位艺术家所画的对象都与实物大小一样，这为作品赋予了一种真实性，并且捕捉到了动物生活在野外时的那种动感。麦吉利夫雷是最著名且最有才华的英国鸟类学家之一，他对鸟类的分类概念是基于他对现实生活中研究对象的解剖研究及观察结

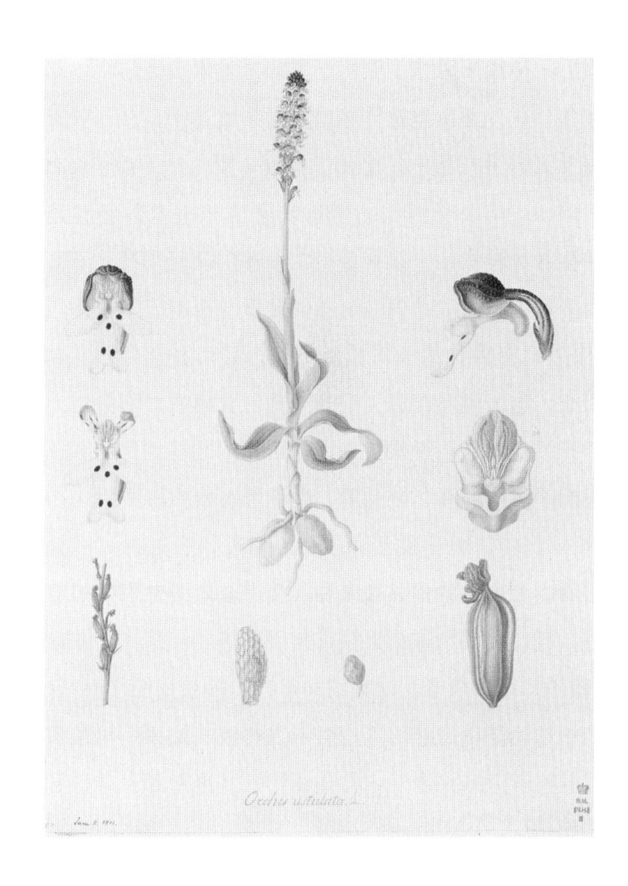

枯焦斑鸭兰

(*Neotinea ustulata*)

枯焦斑鸭兰的名字源于它未开放的花上更深的颜色，这色彩看上去有“烧焦”的效果。虽然这种植物在威尔特郡有较大的栖息地，但它在英国国内被列为濒危植物。澳洲出生的鲍尔是一位植物插画大师，他也是伦敦英国皇家植物园的首位永久艺术家居民。

弗朗兹·鲍尔（1758–1840年）
纸上水彩画
1811年
464mm×311mm

果，不过奥杜邦《美国鸟类》的成功从某种程度上掩盖了他的光彩。弗朗兹·鲍尔是一位植物画大师，对显微镜的运用令他的英国兰花插画达到了一种至今未被超越的精细水平，当代的植物艺术家们对此钦佩不已并研习不挫。这些大师的画作共同点在于，它们都很写实，都提供了可观的信息，并且都很美。

野外指南中的插图使用了一种截然不同的绘画风格，这类书籍帮助业余自然爱好者鉴别植物和动物，并因其便携性在20世纪广受欢迎。对于主流读者来说，弗雷德里克·沃恩的《径边与林地》系列涵盖了许多博物主题，涉及了海滨动植物以及特定动植物种群的相关书籍，这一系列已变为值得收藏的经典作品，部分是因为书中生动又精确的插图。不过，区域性的动植物书籍越来越多，当地人对它们的兴趣却还是有限。另一种绘画风格主要用于属的分类学鉴定与个体识别，画中运用了钢笔与墨水线条，这使画家能够营造鲜明的区域对比，从而获得更精细的解剖及形态绘图，辅助人们进行鉴别。比如迈克尔·罗伯茨（生于1945年）和弗兰克·欣金斯（1852–1934年）所创作的蜘蛛就是这一技术的经典范例。罗伯茨和欣金斯描绘了完整的物种指南，以补足附文描述，从而创造了不列颠群岛蜘蛛一些最具综合性的资料，它们的准确性与画作质量至今都无与伦比。

古生物与地质标本的画作与现存物种的画作截然不同，因为鉴别化石、岩石和矿物的标准是不同的。因此，这一类绘画极少拥有其他种类博物画作的魅力与美感，这一点与画家的技巧无关。对于科学研究来说，画作的准确性仍然高于一切。在古生物学家和比较解剖学家詹姆斯·帕金森、理查德·欧文和乔治·布雷廷厄姆·索尔比的化石残骸画作中，也呈现了这一点。然而，在进入古生物复原的世界时，艺术家对史前动物和事件的描述在某种程度上依赖于他们的想象力，哪怕有可用的化石证据也一样，而其创作结果往往是不准确的。尼夫·帕克（1910–1961年）的水墨插画就是鲜明的例子。20世纪50年代，帕克描绘了8种曾生活于英国的恐龙，这些画作的理论基础是当时人们对恐龙样貌或站立姿势的普遍概念。50年后，新的化石证据和研究结果表明，他的画作几乎全部都有某种解剖学上的错误。

通览博物馆图书馆和档案馆的博物艺术藏品，事实清楚地表明，没有什么完美的客观方式能描绘或画出自然界美妙的多样性。但只要我们能鼓励并启迪每一代人对自然保持欣赏、尊重与关注，英国物种多样性就能继续维持下去。

参考文献：

ALLEN, David E. *Books and naturalists.* Collins, 2010.

HAWKSWORTH, David L. (ed). *The changing wildlife of Great Britain and Ireland.* Taylor and Francis, 2001.

KNIGHT, David. *Zoological illustration: an essay towards a history of printed zoological pictures.* Dawson/Archon Books, 1977.

WILLIAMSON, Tom. *An environmental history of wildlife in England, 1650–1950.* Bloomsbury, 2013.

植物学的艺术

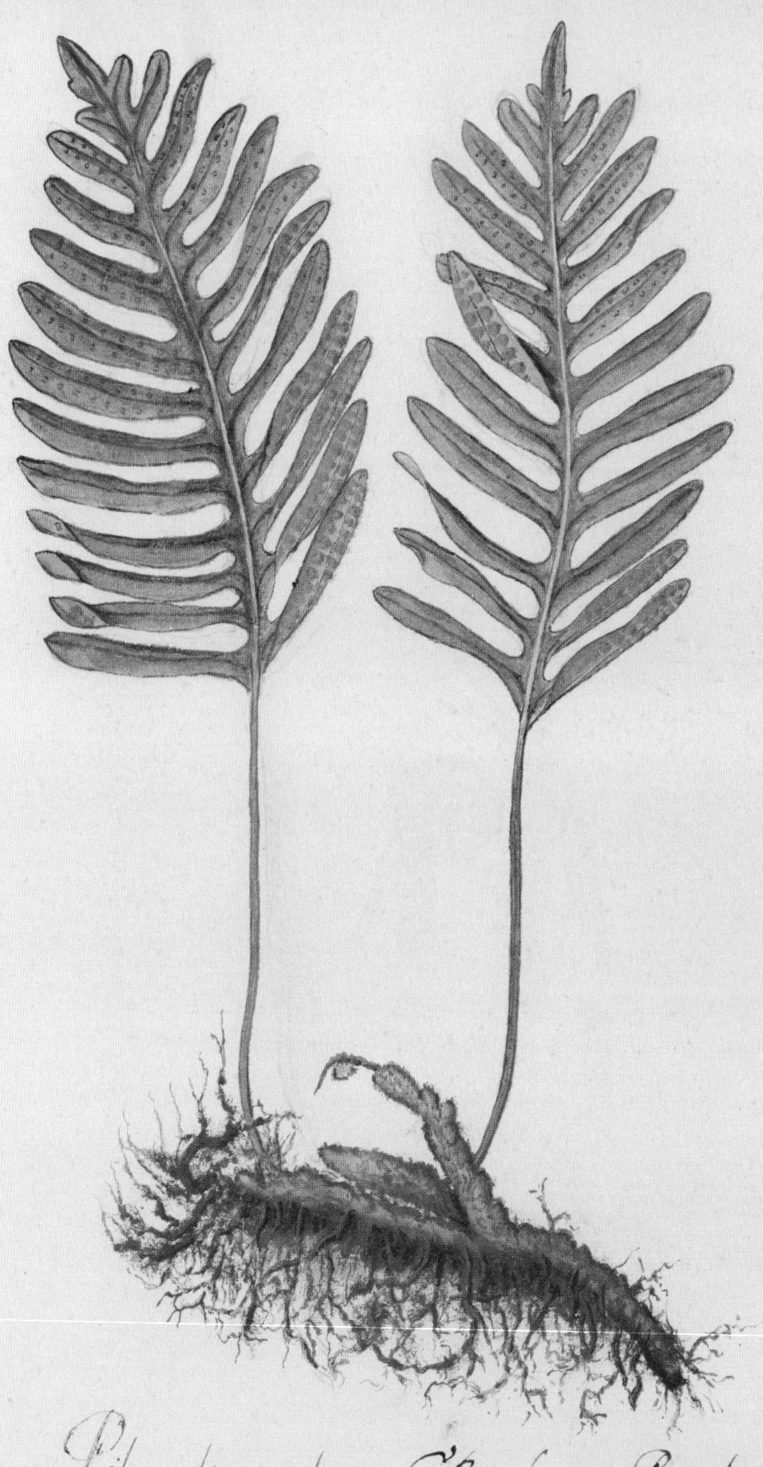

Polypodium vulgare C. Bauh. 354. Perpetuo viret
Hieme excrescentiæ floridæ enascuntur & per folia apparent,
Majo maturæ fiunt; utrumque imagine demonstratur. 1720.
Januario.

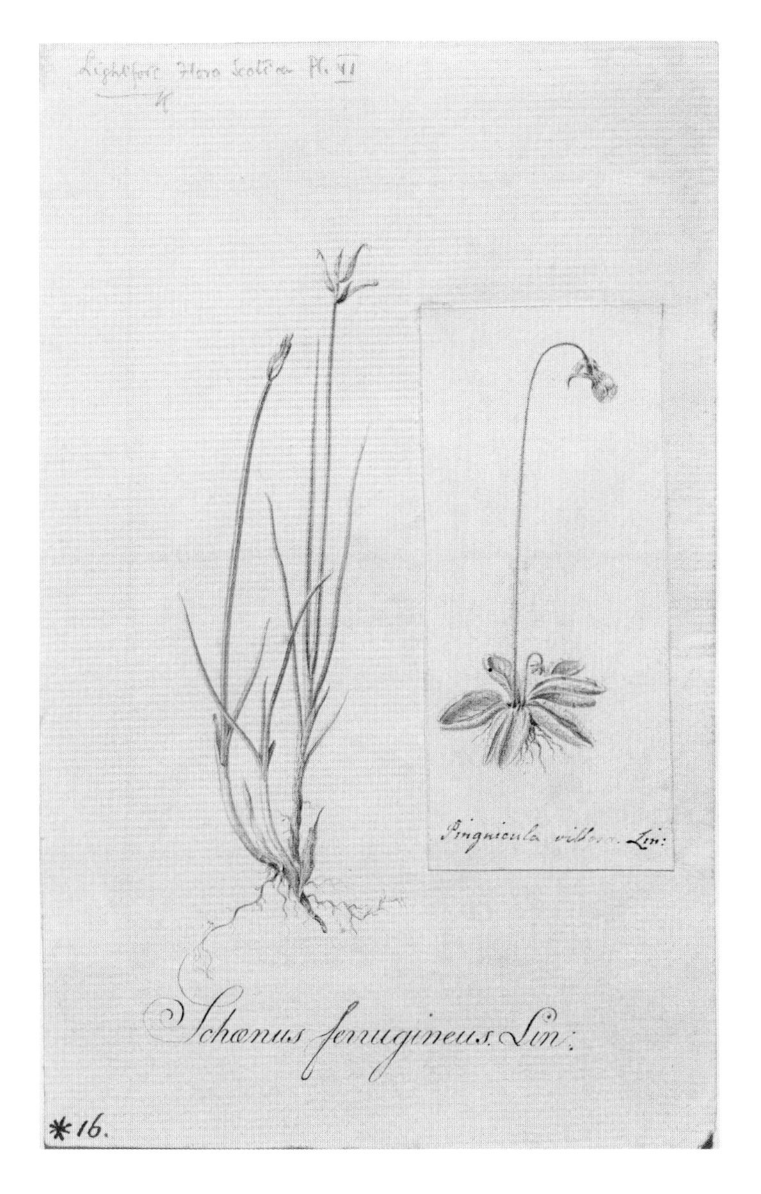

葡萄牙捕虫堇

（*Pinguicula lusitanica*）

少花藏苔草

（*Carex pauciflora*）（左图）

在不列颠群岛西部和西欧的大部分地方，食虫植物葡萄牙捕虫堇非常常见。少花藏苔草比较稀有，基本只出现在苏格兰和北爱尔兰，并且主要生活在苔藓沼泽中。这张图出现在约翰·莱特富特的《苏格兰植物》（1777年）中，附文称其“是莱特福特先生在阿伦岛戈特山半山腰的泥沼中发现的。”

摩西·格里菲思

（1749—1819年）

纸上石墨画

1775年

186mm×117mm

欧亚多足蕨（左页图）

（*Polypodium vulgare*）

蒂伦尼乌斯在德国出生，1721年搬到英国，并于1734年在牛津担任植物学谢拉德教授，他也是这个职位的第一任教授。这张图是伦敦自然博物馆最早的馆藏之一。

约翰·雅各布·蒂伦尼乌斯

（1684—1747年）

纸上水彩画

1720年

279mm×223mm

Daffodil
James Bolton Delt:
AD: 1786 at Halifax.

欧白头翁（上图）
（*Pulsatilla vulgaris*）
欧白头翁是毛茛科的一员，它能长到10–13厘米高。这种花很罕见，因为它在不列颠群岛上只余下19个种群。为《英国植物学》（1790–1813年）的出版，索尔比和他的家人创作了2500多张水彩画。左一是画作原图，另外还有该系列书籍初版的雕版画以及第三版的平版印刷图。

詹姆斯·索尔比（1757–1822年）
纸上水彩画
约1790–1792年
360mm × 544mm

黄水仙（左页图）
（*Narcissus pseudonarcissus*）
作为威尔士的国家象征，黄水仙在不列颠群岛的种群数量自19世纪以来就大幅度下降，这是因为越来越多的土地被耕作农田、森林被砍伐，并且该植物常常被连根移栽至花园。这张水墨画的参照物是英国哈利法克斯的一株样本，画家生活在那里。

詹姆斯·博尔顿（1735–1799年）
纸上水墨画
1786年
362mm × 233mm

从上到下：
金灰藓
（*Pylaisia polyantha*）
褶叶青藓
（*Brachythecium salebrosum*）
沼羽藓
（*Helodium blandowii*）
短喙假蔓藓
（*Loeskeobryum brevirostre*）
三列拟湿原藓
（*Pseudocalliergon trifarium*）

爱德华兹是一位极有天赋的雕版师，专长于线雕和肖像画。威廉·胡克和托马斯·泰勒在他们的著作《大英苔藓百科全书》中盛赞过他的才能，他还为《大不列颠及爱尔兰苔藓》（1818年）雕刻过版画。胡克在作品中描述了他们的研究是如何实现的：“刻意穿过岛屿的不同部分，快乐且频繁地进行悠闲的、多样的旅程……”该图作为增补版画，于第二版（1827年）中发表。

威廉·卡姆登·爱德华兹
（1777–1855年）
约19世纪20年代
纸上墨水画
279mm×223mm

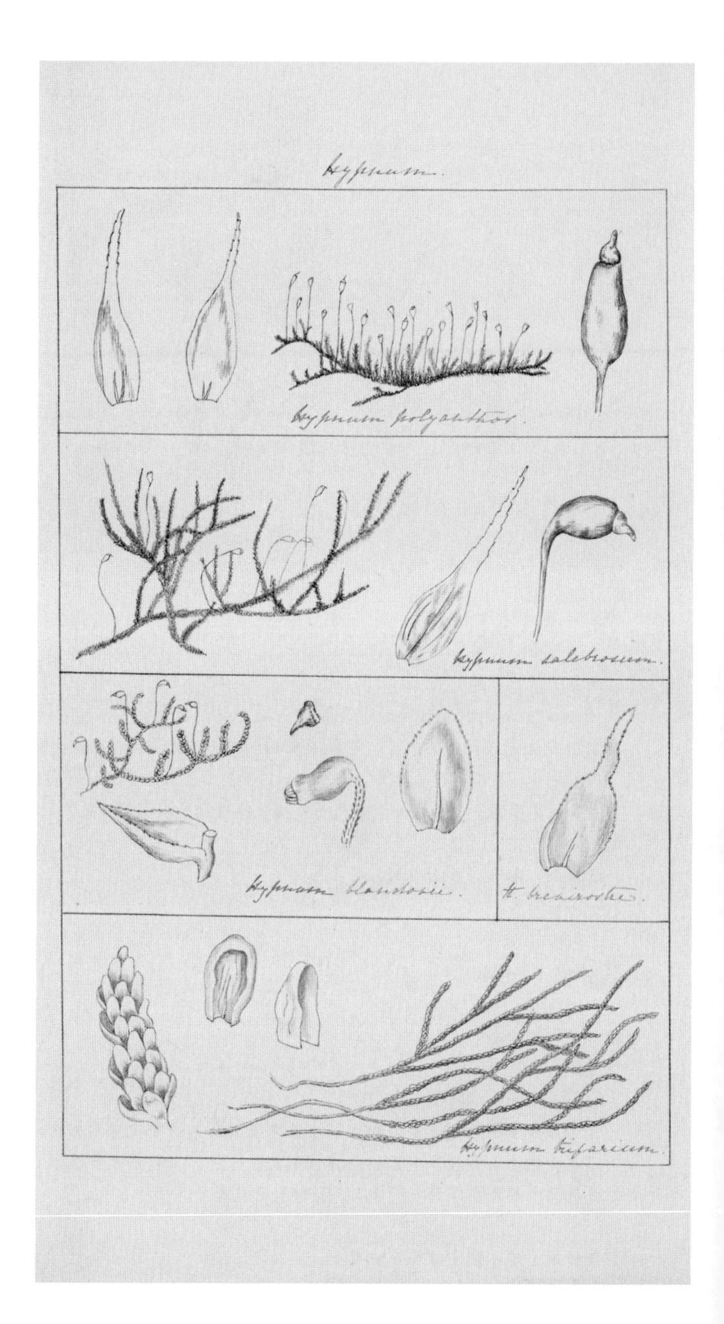

滨菊

（*Leucanthemum vulgare*）

霍金斯为她的画配上了详细且精准的描述。每张画作的背面都有这样的描述，它们展示了她对自己绘画对象的了解程度。她是一位优秀的植物学家，为威廉・罗伯逊的《德比郡山峰手记》（1854年）提供了全面的植物学资料。霍金斯这样描述这朵菊花："整株植物略有香气，还有一种难闻的味道。"

埃伦・霍金斯（1864年去世）
纸上水彩画
1828年
264mm×207mm

矢车菊

（*Centaurea cyanus*）

矢车菊是一种一年生开花植物，已知自铁器时代始就已出现在不列颠群岛上。由于生境破坏和滥用除草剂，它现在已被列为原生地濒危植物。莫斯利生活在乌斯特郡，她在那里绘画并收集植物。1886年，伦敦自然博物馆购买了她的植物标本，其中就包括如今在英国已很罕见的矢车菊。

哈丽雅特·莫斯利（活跃于1836–1867年）

纸上水彩画

约1836–1848年

223mm×151mm

虞美人

（*Papaver rhoeas*）

虞美人的拉丁学名中，属名*Papaver*意为食物或牛奶，而种名*rhoeas*在希腊语中意为红色。这是一种田地里常见的花，它的种子可以在土壤深处休眠80年以上，等到土壤被翻动时再一起发芽。

哈丽雅特·莫斯利（活跃于1836−1867年）

纸上水彩画

约1836−1848年

225mm×150mm

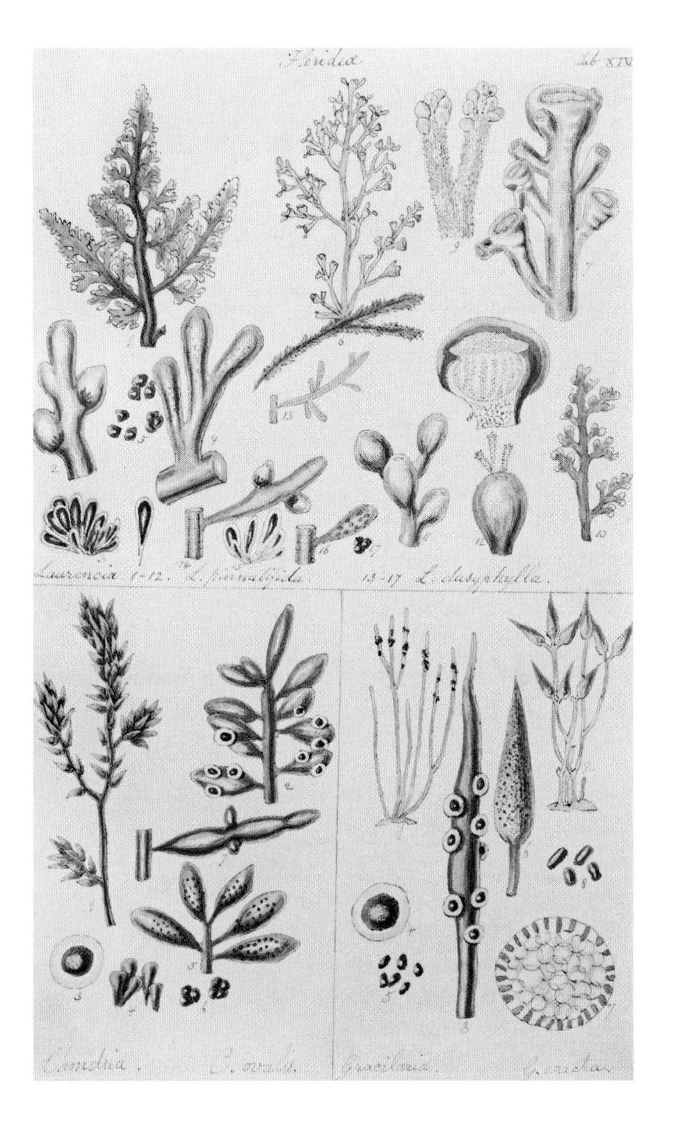

从左上顺时针：
羽状内卷藻
（*Osmundea pinnatifida*）
软骨藻
（*Chondria dasyphylla*）
直枝红柱藻
（*Cordylecladia erecta*）
卵叶腹枝藻
（*Gastroclonium ovatum*）（左图）

红藻是最古老的真核藻类之一。羽状内卷藻是一种有香味的海藻，苏格兰人将它晒干后用作香料。克里斯托弗·埃德蒙·布鲁姆最出名的身份是真菌学家，他与迈尔斯·伯克利神父一起描述了近550种真菌，后者是当时英国的真菌与植物病理学权威。

克里斯托弗·埃德蒙·布鲁姆
（1812–1886年）
纸上水彩画
约19世纪40年代
187mm×112mm

榆属（左页图）
（*Ulmus*）

这张图完成于1837年10月13日，图中的榆树长在伦敦海德公园中。海德公园中曾有许多漂亮的榆树，但荷兰榆树病摧毁了它们，这种真菌疾病在1927年侵袭了英国。到了20世纪60年代，一种更致命的荷兰榆树病病毒使英国损失了大约2500万棵榆树。

F. 格林伍德（生卒年不详）
卡片石墨画
1837年
415mm×329mm

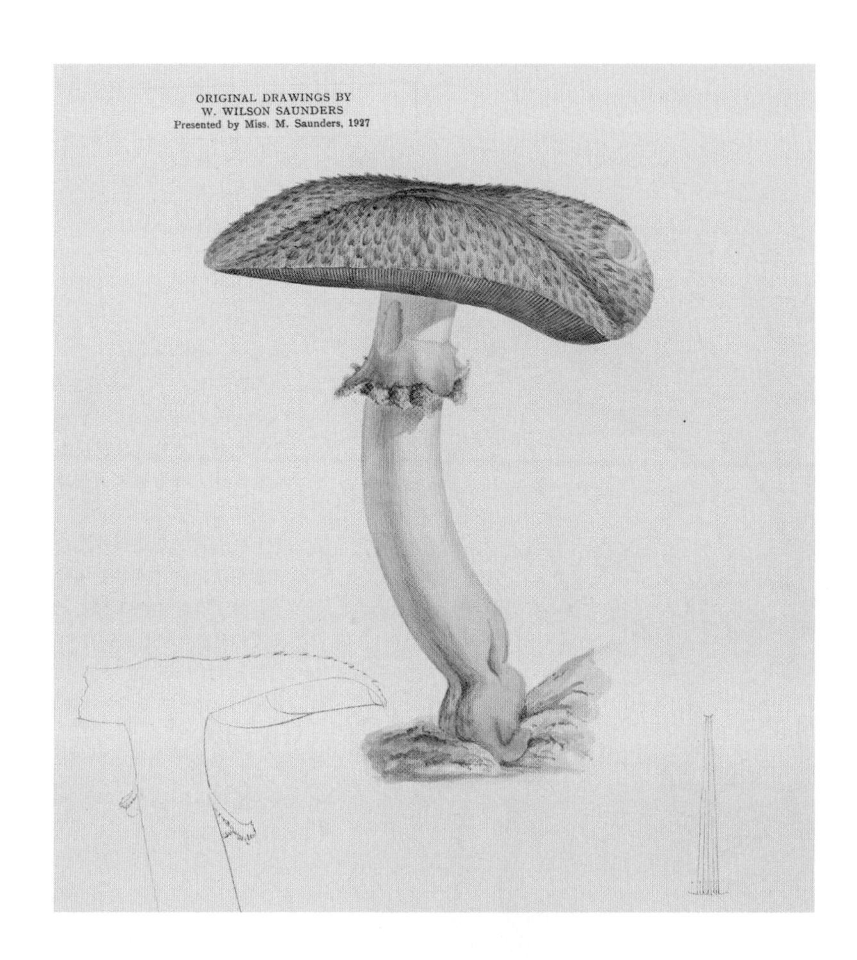

ORIGINAL DRAWINGS BY
W. WILSON SAUNDERS
Presented by Miss. M. Saunders, 1927

蘑菇属未定种（上图）

（*Agaricus* sp.）

由于图中蘑菇的茎干没有任何颜色，因此无法确定它的物种名称。相比于植物，人们对真菌的研究还不够深入，因此它们的分类也不那么稳定且完整。桑德斯是一名保险经纪人，但他对植物学和昆虫学都有浓烈的兴趣。自1853年起，他便是英国皇家学会的成员之一，同时还担任了昆虫学会主席以及林奈学会的财务主管。

威廉·威尔逊·桑德斯（1809–1879年）

纸上水彩画

1849年

256mm×203mm

新疆三肋果（右页图）

（*Tripleurospermum inodorum*）

新疆三肋果被认为是田间杂草，它是几种害虫的寄主植物，同时也是有益于昆虫的花蜜花粉源。这张图来自三卷本的约克郡植物水彩画藏品，画家未知，画中植物的参照样本是在1856年6月18日于约克郡的梅尔顿博顿斯发现的。

未知艺术家

纸上水彩画

1856年

224mm×150mm

Pyrethrum Inodorum
June 18. 1856.
Corn Feverfew,
Melton Bottoms.

松果鹅膏菌（上图）

（*Amanita strobiliformis*）

在成为自由画家之前，史密斯还是一名见习建筑师。他的专长领域是真菌，他收集、研究、绘画它们，并为之发表了200多篇文章与论文，出版了几本书。不列颠群岛有近15 000种已知真菌。松果鹅膏菌能否食用还未确定。

沃辛顿·乔治·史密斯（1835—1917年）
纸上水彩画
1866年
747mm×540mm

粗鳞青褶伞（右页图）

（*Chlorophyllum rhacodes*）

粗鳞青褶伞是一种令人难忘的蘑菇，因为它长得特别大。它的伞帽粗糙有鳞，切开茎干能发现它的菇肉是粉橘色。1904年，斯特宾与古列尔玛·利斯特（1860—1949年）和安妮·洛兰·史密斯（1854—1937年）被推荐为林奈学会的第一批女性成员，她们在1905年1月正式加入学会。

玛丽·安妮·斯特宾（1927年去世）
纸上水彩画
1895年
284mm×226mm

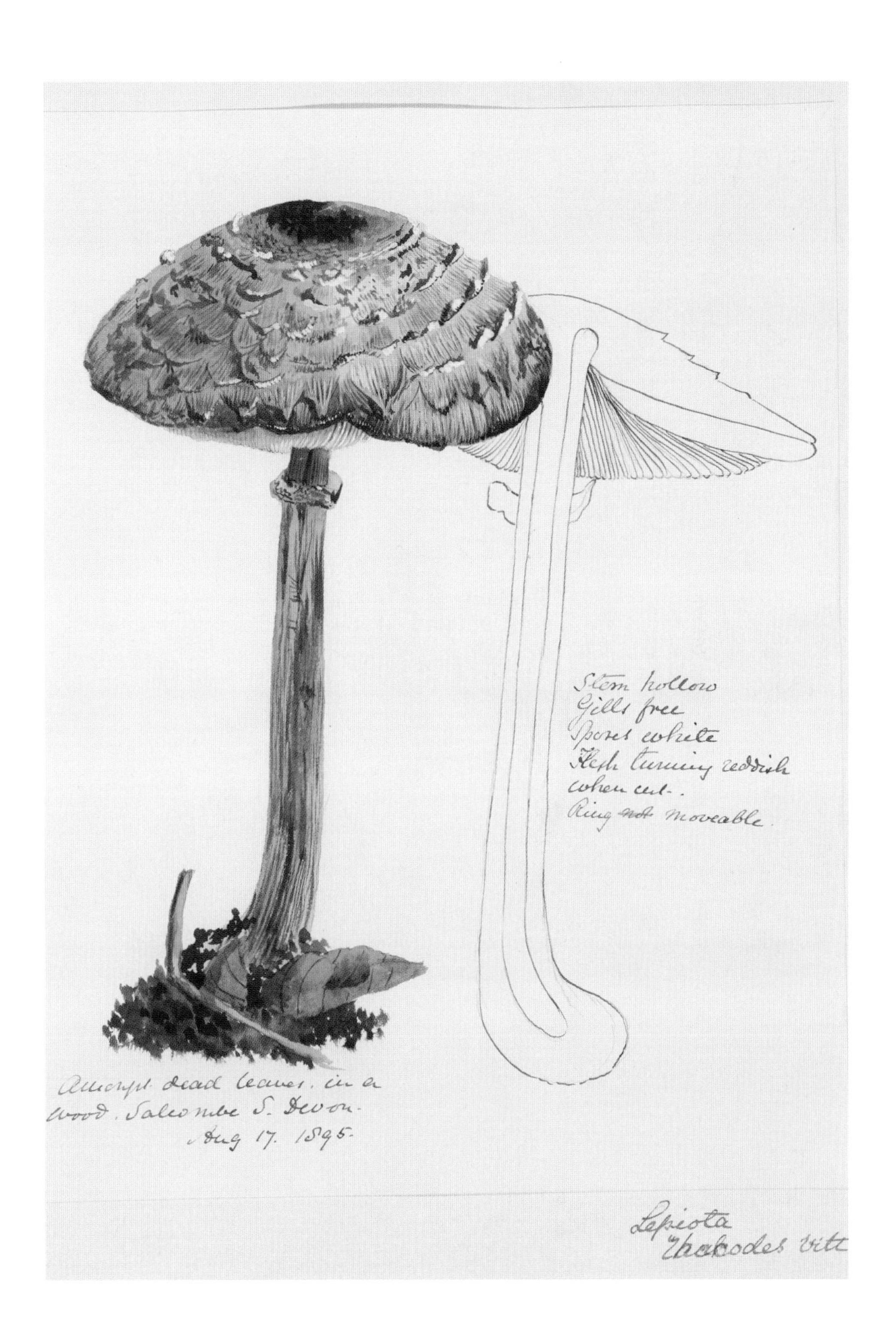
Stem hollow
Gills free
Spores white
Flesh turning reddish
when cut.
Ring not moveable
Amongst dead leaves. in a
wood. Salcombe S. Devon.
Aug 17. 1895.
Lepiota
rhacodes Vitt

Drawings by Edwin Wheeler:
Presented by Messrs Henry
and Edwin Wheeler. 1895.
Coprinus comatus
(Edible)

夏栎（*Quercus robur*），有栎瘿蜂（*Cynips quercusfolii*）虫瘿的夏栎叶（左图）

1983年，伦敦自然博物馆获赠了261张英国野花画作，该图就是藏品之一。图中有一个栎瘿蜂的虫瘿。栎瘿蜂是一种黑色的小瘿蜂，它会将卵产在休眠的橡树芽里。虫瘿是植物上的异常生长物，由植物对某些昆虫或螨虫的进食或产卵行为所产生的激素反应形成。

劳拉·伯拉德（1832–约1897年）
纸上水彩画
约19世纪中期
97mm×78mm

毛头鬼伞（左页图）
（*Coprinus comatus*）

毛头鬼伞在成熟时，菌褶会变黑，并开始自我消化，以促进孢子的释放。这个过程会使真菌腐烂，产生一种黑墨般的液体。这种“墨”曾被用于书写，也是毛头鬼伞英文名“shaggy ink cap”的由来。

埃德温·惠勒（1833–1909年）
纸上水彩画
1897年
259mm×159mm

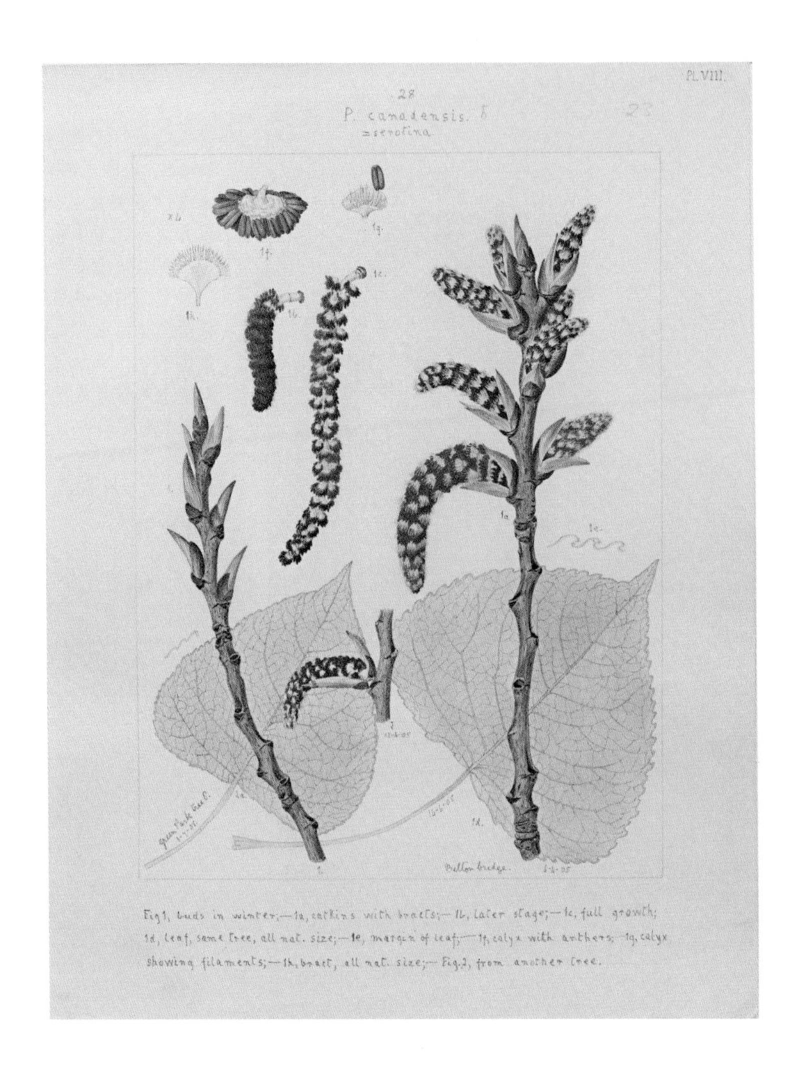

晚花杨（上图）

（*Populus x canadensis* ‘Serotina’）

这种落叶树是1750年由法国引进英国的，不过它最初产自意大利，因此英文名是“black Italian poplar”。它在城市中种植广泛，曾是所有杨树杂交种中最常见的品种，但因其寿命很短，现在渐渐变得罕见了。

弗洛伦斯·海伦·伍尔沃德（1854–1936年）
纸上水彩画
1905年
315mm×253mm

紫火烧兰（右页图）

（*Epipactis purpurata* Sm.）

戈弗里擅长绘画兰花，她为她丈夫的英国兰花综合分类工作提供了许多插画。这张画所描绘的标本生长于萨尔郡吉尔福德，绘于1916年9月7日。

希尔达·玛格丽特·戈弗里（1871–1930年）
纸上水彩画
1916年
276mm×187mm

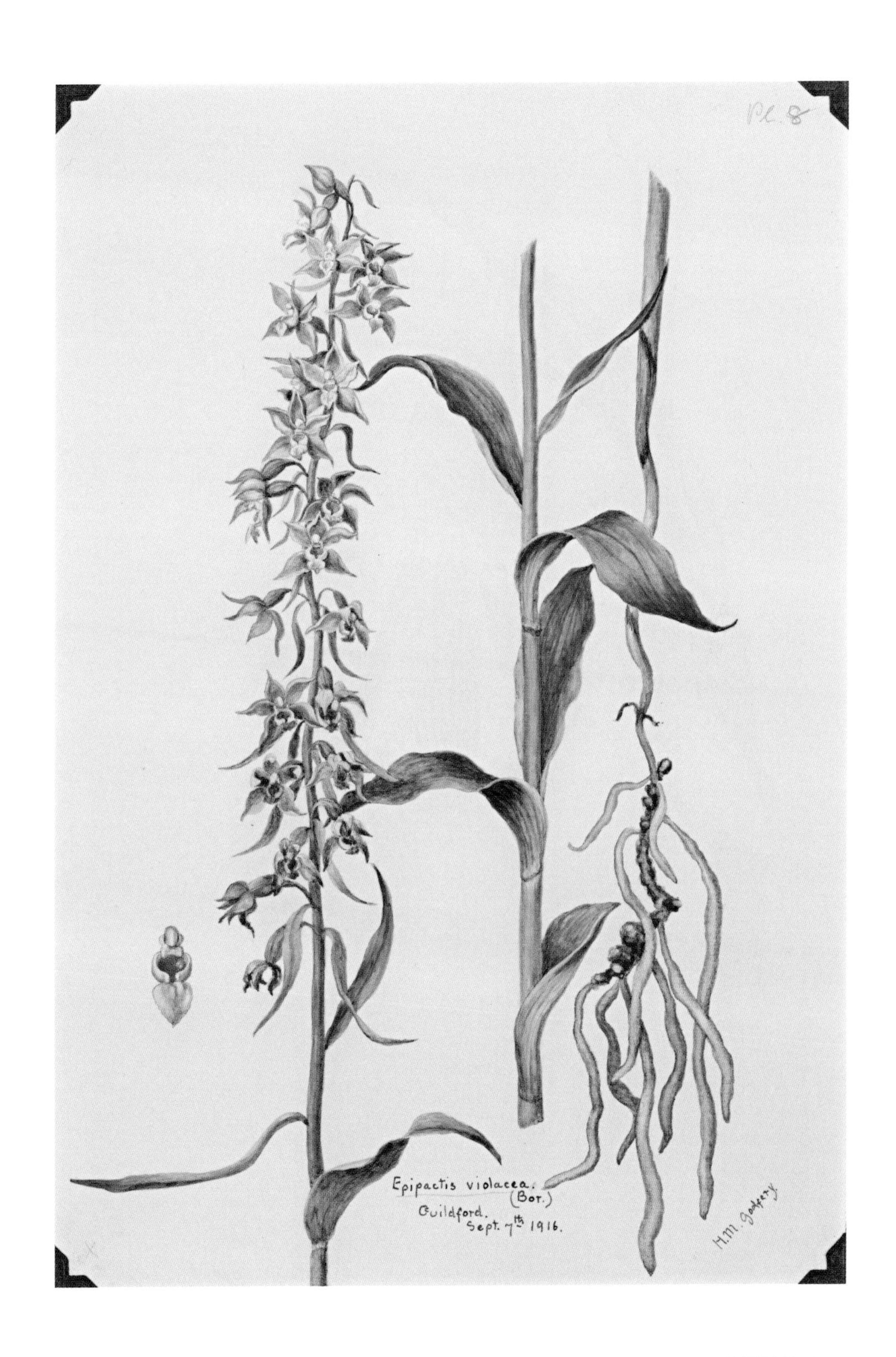
Pl. 8
Epipactis violacea.
(Bor.)
Guildford.
Sept. 7th 1916.
H.M. Godfery.

Galanthus nivalis (var Imperati) (x4)
A.H. Church delt. March 1904

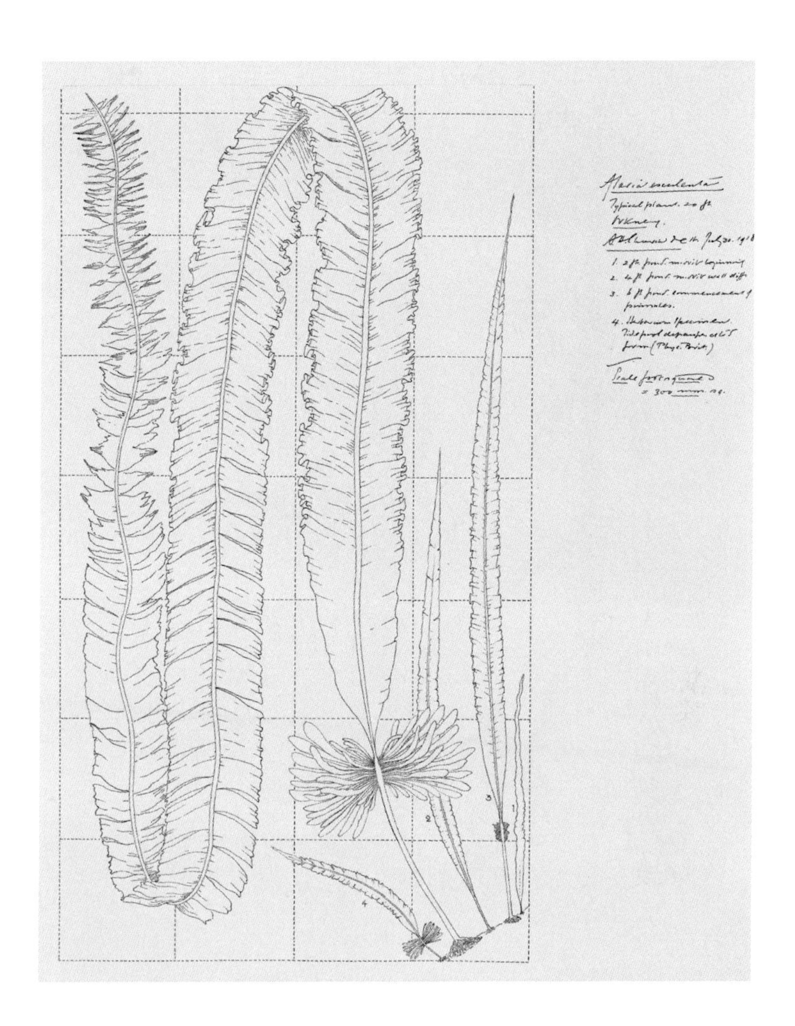

雪滴花（左页图）

（*Galanthus nivalis*）

雪滴花被誉为春之象征，它的种名***nivalis***意为“雪”。丘奇专长于比较植物形态学，为了画出放大的花朵图像，他坚持要求每个绘画对象在作画前都是完美的。在用解剖刀熟练地切开花朵后，丘奇以4倍放大倍数描绘了这朵雪滴花，以展示它的花朵形态和开花结构。

阿瑟·哈里·丘奇（1865–1937年）
卡片水彩画
1918年
388mm×317mm

翅藻（上图）

（*Alaria esculenta*）

这种食用海藻能长到2米长。爱尔兰人称其为“拉尔”或“拉拉查”。它长得非常快，而且含糖量很高，人们受此吸引，已在研究它作为生物燃料（尤其是生物乙醇）的应用潜力。

阿瑟·哈里·丘奇（1865–1937年）
卡片钢笔画
1918年
388mm×317mm

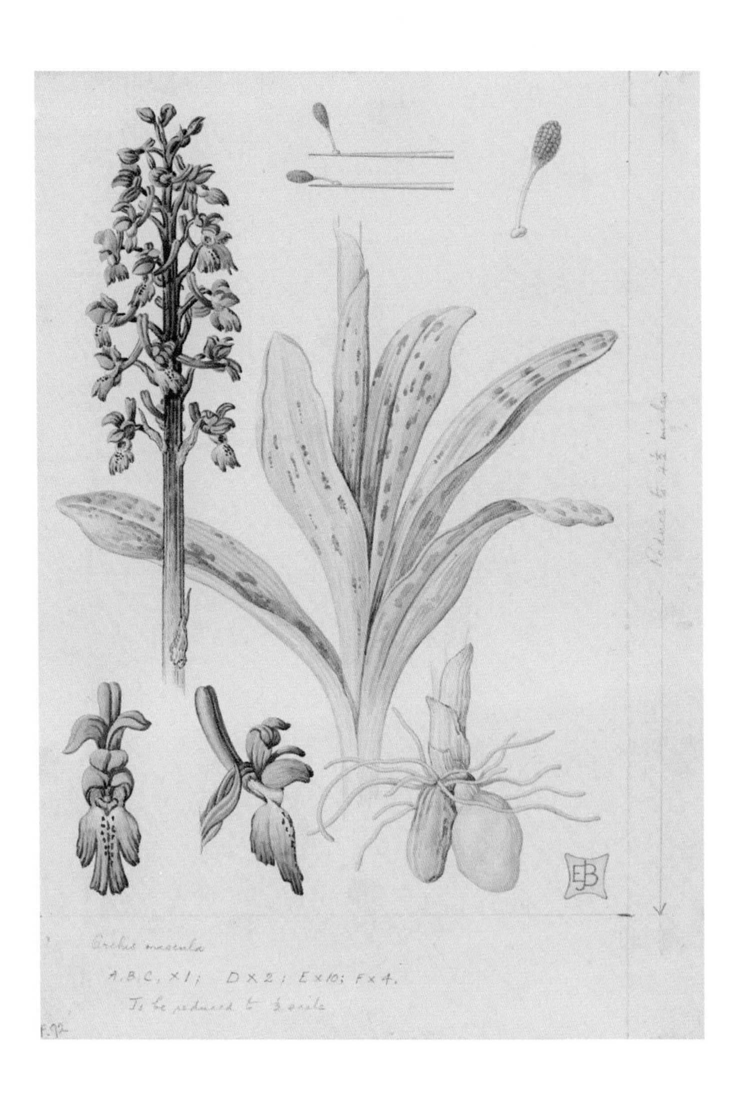

先紫红门兰（上图）

（*Orchis mascula*）

先紫红门兰出现于森林、树篱和草地中，就如名字所示，它是最早开花的兰花之一，花期在4月至6月。贝德福特生于东萨西克斯的刘易斯城，是一位热忱的博物学家及摄影师。

爱德华·贝德福特（1866–1953年）

卡片水彩画

1920–1921年

265mm×190mm

欧洲桤木（右页图）

（*Alnus glutinosa*）

欧洲桤木因其开拓荒地的能力而被列为先锋种，在生态演替过程中扮演了一个重要角色。它与固氮菌弗兰克氏菌共同作用，改善土壤肥力。

比阿特丽斯·奥利芙·科尔非（1866–1947年）

纸上水彩画

约20世纪20–30年代

287mm×187mm

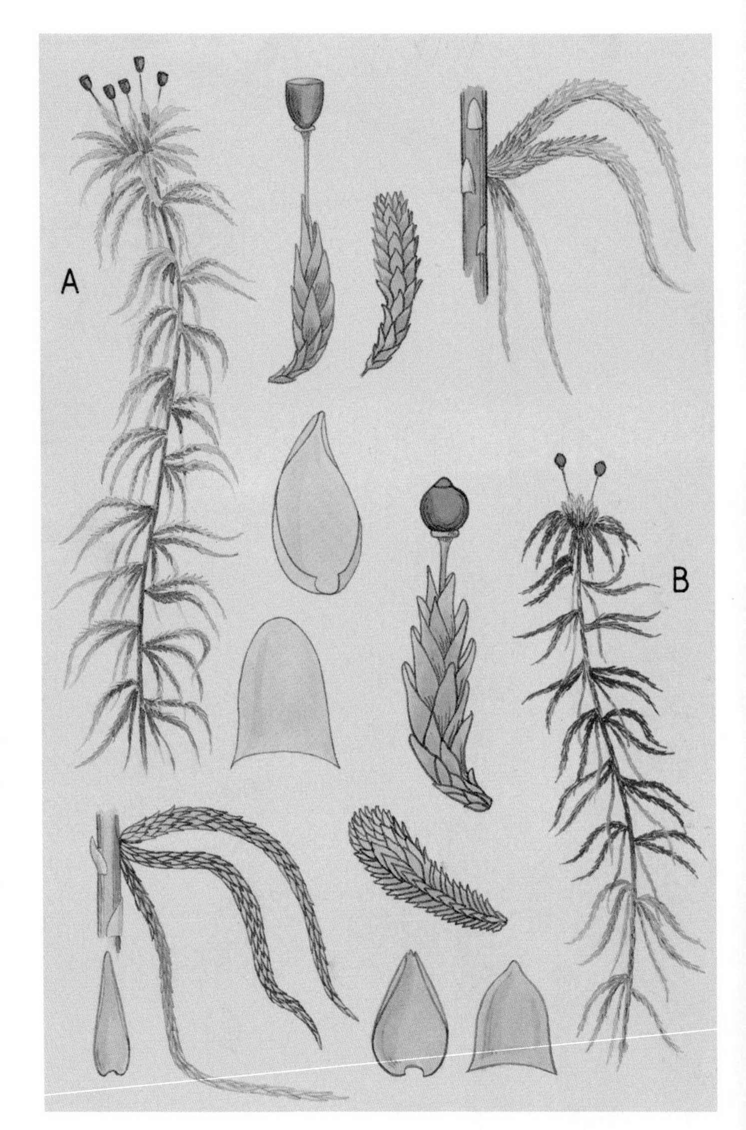

A. 偏叶泥炭藓

（*Sphagnum subsecundum*）

B. 中位泥炭藓红色亚种

（*Sphagnum capillifolium* subsp. *rubellum*）

泥炭藓属有大约120种藓类。泥炭地为各种各样的动植物提供了重要的栖息地，同时能帮助减轻洪水、通过过滤改善水质并储存碳。泥炭的累积速度非常缓慢，却长期被人类取用堆肥，再加上排污和过度放牧，如今泥炭地已急剧减少，因此恢复英国低地泥炭沼泽是现今十分紧迫的问题。

欧内斯特·C. 曼塞尔

（活跃于20世纪60年代）

纸上水彩画

约20世纪50年代初

263mm × 190mm

从左至右：
假离褶伞属未定种（*Rugosomyces* sp.），毛头鬼伞（*Coprinus comatus*），拟锁瑚菌属未定种（*Clavulinopsis* sp.），疑似为硫磺色口蘑（*Tricholoma sulphureum*），野蘑菇（*Agaricus arvensis*），网纹马勃（*Lycoperdon perlatum*），高大环柄菇（*Macrolepiota procera*）
鲍纳斯以其织物设计闻名，但她同时也在进行植物研究，并受伦敦自然博物馆委托，为当时的植物学画廊创作图画，画廊从1962年开放至1982年。她和画家格蕾泰尔·达尔比一起完成了一个绘画系列，呈现草地、落叶林和针叶林的真菌，这张图是其中之一。

希拉·鲍纳斯（1925–2007年）
木版水彩画
约20世纪60年代初
178mm × 305mm

1. 沟鹿角菜（*Pelvetia canaliculata*）
2. 螺旋墨角藻（*Fucus spiralis*）
3. 墨角藻（*Fucus vesiculosus*）
3A. 短毛藻（*Elachista fucicola*）
4. 泡叶藻（*Ascophyllum nodosum*）
4A. 绵毛多管藻（*Vertebrata lanosa*）
5. 齿缘墨角藻（*Fucus serratus*）
6. 长角藻（*Halidrys siliquosa*）（右图）

漂积海草指的是墨角藻科的海藻，它们的英文名里全都带有“wrack”。从化妆品、医疗用品到化肥，海藻有很多经济用途。墨角藻是碘的初始来源，这种元素是法国化学家贝尔纳德·库尔图瓦在1811年发现的。

欧内斯特· C. 曼塞尔
（活跃于20世纪60年代）
纸上水彩画
约20世纪60年代初
282mm×193mm

欧洲水青冈（右页图）
（*Fagus sylvatica*）

欧洲水青冈是一种大型落叶树，原产地是英国南部和南威尔士。埃韦拉德是20世纪一位杰出的植物画家，并且是一位成功的商业画家，她接受过许多私人委托，其中包括为出版书籍提供插画。

芭芭拉·埃韦拉德
（1910–1990年）
纸上水彩画
1970年
381mm×280mm

BARBARA
EVERARD

白垩质高地上的植物，包括硬毛堇菜（*Viola hirta*）和无茎蓟（*Cirsium acaule*）

尼科尔森是英国最杰出的植物插画家之一，她特别擅长精准描绘英国生态系统。伦敦自然博物馆也肯定了这一点，于20世纪70年代末委托她绘制一个教育海报系列，旨在呈现英国的生态和生物多样性，并强调保护自然栖息地中野生植物的重要性。

芭芭拉·尼科尔森（1906–1978年）

卡片水彩画

约1970–1977年

630mm×827mm

茶渍衣

（*Lecanora poliophaea*）

地衣有各种各样的生长型，包括壳状、鳞状、叶状、枝状（丛生）和粉状。图中地衣的生长型是壳状，这意味着它紧紧附着在生长的岩石上。多尔比出生在法伊夫，她在艺术中热衷于表现形态、质地和颜色。在自己的画作里，她运用光影来展示绘画对象的结构和外观。

克莱尔·多尔比（生于1944年）

纸上水彩画

1980年

189mm×195mm

动物学的艺术

金雕（左页图）

（*Aquila chrysaetos*）

人们推测画家是故意没有画完这幅图，因为伦敦自然博物馆图书馆的馆藏中有一张完整的金雕彩图。麦吉利弗雷写道，在他叔叔的农场里，“羊羔被金雕大肆劫掠”——这是这些鸟儿曾被非法捕杀几近灭绝的主因之一。现在只有苏格兰还有少量金雕幸存。

威廉·麦吉利弗雷（1796–1852年）
纸上石墨与水彩画
约19世纪30年代
992mm × 686mm

松鸦（上图）

（*Garrulus glandarius*）

松鸦属于鸦科，它是一种相对羞涩的鸟儿，主食是坚果、种子和昆虫。它尤为嗜食橡子和榛子，会在秋季埋下这些果子，以便在冬季重新获取它们为食。

詹姆斯·霍普·斯图尔特（1789–1883年）
纸上水彩画
约19世纪30年代
107mm × 172mm

白尾鹞（上图）

（*Circus cyaneus*），左雄右雌

白尾鹞因其精妙的空中表演而被称为空中舞者。它们是英国最濒危的猎食性鸟类之一，长久以来遭受非法捕杀，因为它们捕食的松鸡也是猎人的目标。土地运用方法的改变、杀虫剂的使用以及失败的繁殖计划意味着它们的数量从未恢复，因此它们面临的境况依然严峻。

詹姆斯·霍普·斯图尔特（1789–1883年）
纸上水彩画
约19世纪30年代
107mm×172mm

游隼（右页图）

（*Falco peregrinus*）

游隼以其速度著称，它的时速能超过322千米，这使它成为世界上速度最快的动物之一。斯图尔特是一位苏格兰博物画家，他为威廉·贾丁爵士的40卷本《博物学家的图书馆》（1833–1843年）创作了近550张插画，绘画对象包括鸟类、哺乳动物和昆虫。

詹姆斯·霍普·斯图尔特（1789–1883年）
纸上水彩画
约19世纪30年代
172mm×107mm

The Nuthatch

普通鳾（左页图）

（*Sitta europaea*）

普通鳾属于雀形目，它们脚趾的结构特征很醒目：三趾向前，一趾向后，可辅助它们栖息。普通鳾主要食用昆虫，特别是毛虫和甲虫。它们沿着树干和枝条搜寻食物，除了能直行向上，还能头朝下向下走。它们也全年贮藏食物，在树间埋藏种子，以便更寒冷的季节食用。

詹姆斯·霍普·斯图尔特（1789–1883年）

纸上水彩画

约19世纪30年代

172mm×106mm

渡鸦（上图）

（*Corvus corax*）

和美国鸟类学家约翰·詹姆斯·奥杜邦一样，麦吉利弗雷常常用枪射下他的绘画对象。图中的成年雄性渡鸦是在爱丁堡被射下的。渡鸦在进食方面是机会主义者，因此也会食用腐肉，比如图中已经死去的羊——麦吉利弗雷画它时并没有那么精细。

威廉·麦吉利弗雷（1796–1852年）

纸上水彩画

1832年

482mm×687mm

田鸫（左页图）

（*Turdus pilaris*）

田鸫是不列颠群岛上常见的秋季候鸟，它们通常在10月从东欧和南欧的繁育地飞来，一直待到11月末。它们喜欢生活在宽敞的乡下，因此很少出现在花园里，除非冬季气候过于严酷。

威廉·麦吉利弗雷（1796–1852年）

纸上水彩画

1833年

578mm×460mm

庭园林莺（上图）

（*Sylvia borin*）

庭园林莺在春季和夏季造访不列颠群岛，冬季在非洲撒哈拉沙漠以南地区度过。科顿是位鸟类学作家及画家，他在1843年移民至澳大利亚，在此之前私人出版了两本关于英国鸣禽的书。这张水彩原图发表于《大不列颠鸣禽》（1835年）中。

约翰·科顿（1801–1849年）

纸上水彩画

1834年

244mm×175mm

喜鹊（左页图）

（*Pica pica*）

荷兰画家柯尔曼斯是当时最多产的鸟类画家之一。1869年，他迁居英国，并在那里终老一生。柯尔曼斯的画作拥有科学层面的精准与艺术层面的魅力，这使他大受欢迎，罗斯柴尔德勋爵也是他的主顾之一。这张令人惊艳的喜鹊图就来自后者的收藏。

约翰·杰勒德·柯尔曼斯（1842–1912年）
纸上水彩画
1896年或1897年
632mm×523mm

大山雀（上图）

（*Parus major*）

大山雀是最常见且体型最大的山雀，它的叫声“teacher teacher”很容易辨认。在欧洲，人们一共记录到了它的40种不同发音，一只雄性大山雀通常会规律性地使用包括22种发音的“词汇表”。格罗沃尔德是丹麦的博物学家及艺术家，以其鸟类插画著称。1892年他抵达英国，在伦敦自然博物馆工作多年后，他成为一名熟练的动物标本剥制师，并树立了自己作为鸟类画家的口碑。

亨里克·格罗沃尔德（1858–1940年）
卡片水彩画
约1926年
119mm×164mm

从左到右，从上到下：
长耳鸮（*Asio otus*）
仓鸮（*Tyto alba*）
短耳鸮（*Asio flammeus*）
纵纹腹小鸮（*Athene noctua*）
灰林鸮（*Strix aluco*）（左图）
插画展现了5种在英国有分布的猫头鹰，不过近年来也有人在英国南部和约克郡分别目击到了雪鸮和雕鸮。灰林鸮是英国最常见的猫头鹰，目前估计有5000个繁殖对。它的叫声是熟悉的"too-whit-too-who"。

菲莉达·拉姆斯登
（活跃于1946–1952年）
纸上水彩画
约20世纪40年代
282mm × 185mm

从左到右，从上到下：普通翠鸟（*Alcedo atthis*），红额金翅雀（*Carduelis carduelis*），普通䴓（*Sitta europaea*），戴菊（*Regulus regulus*），黄鹀（*Emberiza citrinella*），红交嘴雀（*Loxia curvirostra*），小斑啄木鸟（*Dendrocopos minor*），欧亚红尾鸲（*Phoenicurus phoenicurus*），剑鸻（*Charadrius hiaticula*）（左页图）
拉姆斯登的插画发表在詹姆斯·麦克唐纳的《英国鸟类》（1949年）中。这张画是书中的第一张版画，呈现了一系列精选的不同体重的鸟类。翠鸟的体重约35克。

菲莉达·拉姆斯登（活跃于1946–1952年）
纸上水彩画
约20世纪40年代
369mm × 244mm

北极海鹦（上图）

（*Fratercula arctica*）

道森出生于新西兰，在20世纪50年代末，她迁居至设德兰群岛，并在那里描绘鸟类、哺乳动物和风景。这张图强调了海鹦明显的特征，这种大半生都在海面生活的鸟类有黑色与白色的羽毛、颜色鲜亮的喙以及亮橙色的腿。

缪丽尔·海伦·道森（1897—1974年）

纸上水彩钢笔画

1968年

362mm×260mm

普通鸬鹚（右页图）

（*Phalacrocorax carbo*）

库萨生活在诺福克海岸，无论在哪个季节，这里都被人们视为最佳观鸟地之一。鸬鹚是高效的捕鱼者，它们于20世纪70年代数量大增并迁往内陆，因此在渔夫和渔业公司眼中它们并不受欢迎，人们还常常将鱼类资源耗竭归咎于它们。

诺埃尔·威廉·库萨（1909—1990年）

纸上水彩画

1973年

269mm×190mm

N.W.CUSA.

欧柳莺（左图）

（*Phylloscopus trochilus*）

1973年，伦敦自然博物馆委托当时几位最优秀的英国动物画家描绘了一系列画作，包括50张英国鸟类彩图。哈尔捐献了包括这张欧柳莺在内的三张作品。在过去的25年内，这种候鸟在英国的数量急剧减少。

丹尼斯·F. 哈尔

（1920–2001年）

纸上水彩画

1973年

262mm×185mm

欧亚鸲（左页图）

（*Erithacus rubecula*）

欧亚鸲是英国最受欢迎的花园鸟类之一。它是一种食虫鸟类，因此园丁们常常看到它在寻找蠕虫等食物。其特别的红橙色“胸部”并非与生俱来，而是在离巢2至3个月后才出现。伦敦自然博物馆只有这张法国画家作品的两个拓本。

保罗·巴吕埃尔（1901–1982年）

纸上水彩画

约20世纪70年代

221mm×146mm

C.E. Talbot Kelly '70

红背伯劳（左页图）

（*Lanius collurio*）

雄性红背伯劳有着蓝灰色的头，眼周还有一圈黑色的“强盗眼罩”。它以“屠夫鸟”之名著称，会将自己的猎物挂在有刺灌木上。它在世界的其他地区很常见，但20世纪它在不列颠群岛的数量已急剧下降，几乎没有繁殖的种群了。

克洛艾·E. 塔尔博特·凯莉（出生于1927年）
纸上水彩画
1973年
243mm×179mm

普通翠鸟（上图）

（*Alcedo atthis*）

普通翠鸟飞行的速度快得让人难以置信，其背部有引人注目的翠蓝色羽毛，因此飞过时就像一道蓝色的闪电。它们分布广泛，具有领地性，卵是光滑的白色。普通翠鸟的存在被视为生态系统健康的标志。

查尔斯·弗雷德里克·滕尼克利夫（1901–1979年）
纸上水彩画
1973年
243mm×179mm

C.F. Tunnicliffe

大斑啄木鸟（左页图）

（*Dendrocopos major*）

大斑啄木鸟的拉丁名源自希腊语“dendron”——意为树，和“kopos”——意为醒目。啄木鸟用喙在树干上打洞，这个过程产生的敲击声成为了它们为人所熟知的特色。它们有长而黏的舌头，可以戳进洞里找到昆虫。

查尔斯·弗雷德里克·滕尼克利夫
（1901–1979年）
纸上水彩画
1973年
380mm×266mm

巢鼠（上图）

（*Micromys minutus*）

可爱的巢鼠是英国最小的哺乳动物之一，它的尾巴几乎和身体一样长。1767年，英国先锋博物学家吉尔伯特·怀特（1720–1793年）首次将它鉴定为一个独立物种。它的大爪子不仅能帮助它爬上玉米秆，还让它能用草或芦苇制成美妙的编织物和令人钦佩的窝巢。

詹姆斯·霍普·斯图尔特（1789–1883年）
纸上水彩画
约19世纪30年代
120mm×176mm

狗獾（上图）

（*Meles meles*）

狗獾在英国分布广泛，主要栖息在南部和西南部的潮湿地区。不过，由于它们是夜行动物，并且到了冬季会蛰伏，因此人们很少能看见它们。它们受《保护野生獾法》（1992年）的保护，杀死狗獾或破坏其巢穴都是违法的行为。

爱德华·威尔逊（1872—1912年）

纸上水彩画

1905—1910年

229mm × 165mm

马鹿（右页图）

（*Cervus elaphus*）

马鹿是不列颠群岛现生体型最大的本土陆生哺乳动物，它们是在约11 000年前从欧洲迁移至英国的。雄性马鹿的肩高可达1.2米。马鹿在苏格兰十分常见，尤其经常出现在苏格兰高地以及英国西北与西南部。在英国其他地区、威尔士和北爱尔兰的各处也存在分散的马鹿种群。

爱德华·威尔逊（1872—1912年）

纸上水彩画

1905—1910年

274mm × 194mm

欧亚红松鼠（上图）
（*Sciurus vulgaris*）
红松鼠原产自英国，是此地最美丽但也最难捉摸的小型哺乳动物之一。它们的种群数量明显地急剧下降，一方面是因为栖息地遭到破坏，另一方面是因为1876年引进了美国灰松鼠。后者是一种更大更强壮的松鼠，且携带着一种病毒，红松鼠对其缺乏免疫力。

爱德华·威尔逊（1872–1912年）
纸上水彩画
1905–1910年
225mm×159mm

榛睡鼠（右页图）
（*Muscardinus avellanarius*）
榛睡鼠是不列颠群岛上唯一一种本土睡鼠。1905年至1910年间，威尔逊完成了他的英国哺乳动物及鸟类插画集。之后他参加了斯科特船长的特拉诺瓦号探险队，并于1912年成功抵达南极点，却在返回基地的路上和探险队一同遇难了。

爱德华·威尔逊（1872–1912年）
纸上水彩画
1905–1910年
276mm×194mm

屋顶鼠

（*Rattus rattus*）

作为杰出的攀登者，屋顶鼠是英国适应性最强的哺乳动物之一。它们被视为疾病与害虫的携带者，并且拥有惊人的繁殖能力。18世纪，瑞典自然学家卡尔·林奈率先对它们进行了描述，保留了这种啮齿动物原本的属种同名（在拉丁名中，属名和种名用的词相同），这意味着它是这一属的模式种。

珀西·海利（1856–1929年）

卡片墨水石墨画

约1918年

266mm×372mm

巴氏鼠耳蝠

（*Myotis bechsteinii*）

英国已发现的蝙蝠有18种，巴氏鼠耳蝠是其中最稀有的。原始森林的毁坏影响了它们的种群数量，因此它是“英国生物多样性行动计划”的优先执行对象，需要专门的保护。另外，它们也受《欧洲栖息地指令》的保护。

阿奇博尔德·索伯恩（1860–1935年）

纸上水彩画

1920年

425mm×594mm

灰海豹

（*Halichoerus grypus*）

灰海豹主要出现在不列颠群岛北部及西部的开阔多岩海岸区。它们一生有三分之二的时间都在海中度过，捕食鱼类和甲壳类当作它们的主要食物。它们的寿命可达35年。索伯恩是苏格兰画家，大多数画作都是水彩画，他的动物画作以优美又戏剧性的背景闻名。

阿奇博尔德·索伯恩（1860–1935年）

纸上水彩画

1919年

424mm×551mm

索氏中喙鲸（*Mesoplodon bidens*）和柯氏喙鲸（*Ziphius cavirostris*）

喙鲸科有22个物种，它们以能够潜入深海捕猎乌贼、鱼和甲壳动物的能力而闻名。柯氏喙鲸保持着哺乳动物界的两项世界纪录：最长潜水时间与最深潜海深度。

阿奇博尔德·索伯恩（1860–1935年）

纸上水彩画

1920年

390mm×548mm

穴兔（上图）

（*Oryctolagus cuniculus*）

穴兔最早是由诺曼人在12世纪带至英国的。20世纪50年代，英国引入粘液瘤病毒以控制穴兔的野生种群数量，但它们至今仍然很常见，因为它们已经渐渐对该病毒免疫。洛奇以鸟类画家的声名著称，并且这也是他热情所在，不过他同时还是一位熟练的动物标本剥制师、热忱的驯鹰者以及木雕师。作为一名积极的环保主义者，洛奇还是自然保护促进协会与各种鸟类学会的董事会成员。

乔治·爱德华·洛奇（1860—1954年）

纸上水彩画

约19世纪20年代

219mm×280mm

松貂（右页图）

（*Martes martes*）

松貂主要分布于苏格兰。当它追捕鸟类或企图从鸟巢中偷蛋时，蓬松的尾部能帮助它在枝条上保持平衡。松貂及其巢穴受《野生动物及乡野法案》（1981年）和《环境保护法案》（1990年）的保护。

F. R. 莫尔德（闻名于1924—1925年）

纸上水彩画

1925年

204mm×133mm

皇帝蛾（上图）

（*Saturnia pavonia*）

皇帝蛾是天蚕蛾科唯一一种在英国定居的蛾类。在孵化后，幼虫主要食用帚石南属植物，身体是黑色与橙色的。但在完全长成后，它们变为绿色，并有黑色的条纹和刚毛。阿尔宾既是位博物学家，也是娴熟的画家，以其活体写生与视觉精确度为傲。

埃利埃泽·阿尔宾（闻名于1690—1742年）
纸上水彩画
约1712年
187mm×121mm

a—d. 黄星绿小灰蝶（*Callophrys rubi*）；p. 排点灯蛾（*Diacrisia sannio*）；k—o. 小水龟甲（*Hydrochara caraboides*）；左上与右上：银斑豹蛱蝶（*Argynnis aglaja*）（右页图）

1758年，哈里斯开始撰述他关于蝴蝶和飞蛾的主要著作《蝶蛾研究或英国昆虫博物学》。该书于1766年完成，被视为18世纪最杰出的昆虫学著作。哈里斯以活体写生的方式作画，据说他自行培育了很多昆虫，以便展示它们不同的发育阶段。

摩西·哈里斯（1730—1788年）
纸上水彩与填充色画
约18世纪80年代
310mm×240mm

PL. XXVI.
The GREEN-hair streak
a The Catterpr. b the Chrysalis
c the Fly . d underside
food Blakt. buds.
DARK GREEN
e Upperside f. Under
fly in woods in July.
p Yellow Grass moth
Blue taild LIBELLA
g the Caterpillar and Chrysalis
h. its coming forth of the Chrys:
i the fly . seen in June
Boat BEETLE
k. the Caterpillar. l. chrysalis
m beetle flying. n Creeping
o on its back

欧白头翁与多毛蜣螂（右图）
（*Euheptaulacus villosus*）

这张插画发表在柯蒂斯的《英国昆虫》中，柯蒂斯不仅为此书作画，并且还雕刻了770张版画，它们陆续在1823年至1839年间出版。他意图展示最稀有且最美丽的昆虫，同时呈现它们被发现时所停留的植物。在这张图里，多毛蜣螂与欧白头翁一起出现，因为它们都喜欢排水良好的白垩土或石灰土。

约翰·柯蒂斯（1791–1862年）
纸上水彩画
约19世纪20年代初
242mm×150mm

小红蛱蝶（右页图）
（*Vanessa cardui*）

这种蝴蝶是迁徙性的，它们离开北非、地中海及中亚，于夏末抵达不列颠群岛。在停留期间，它们分布很广，十分常见。不过它们不在英国定居，因为它们无法熬过英国的冬季。

约翰·埃默森·罗布森
（1833–1907年）
卡片水彩画
约19世纪90年代
205mm×167mm

CYNTHIA CARDUI.

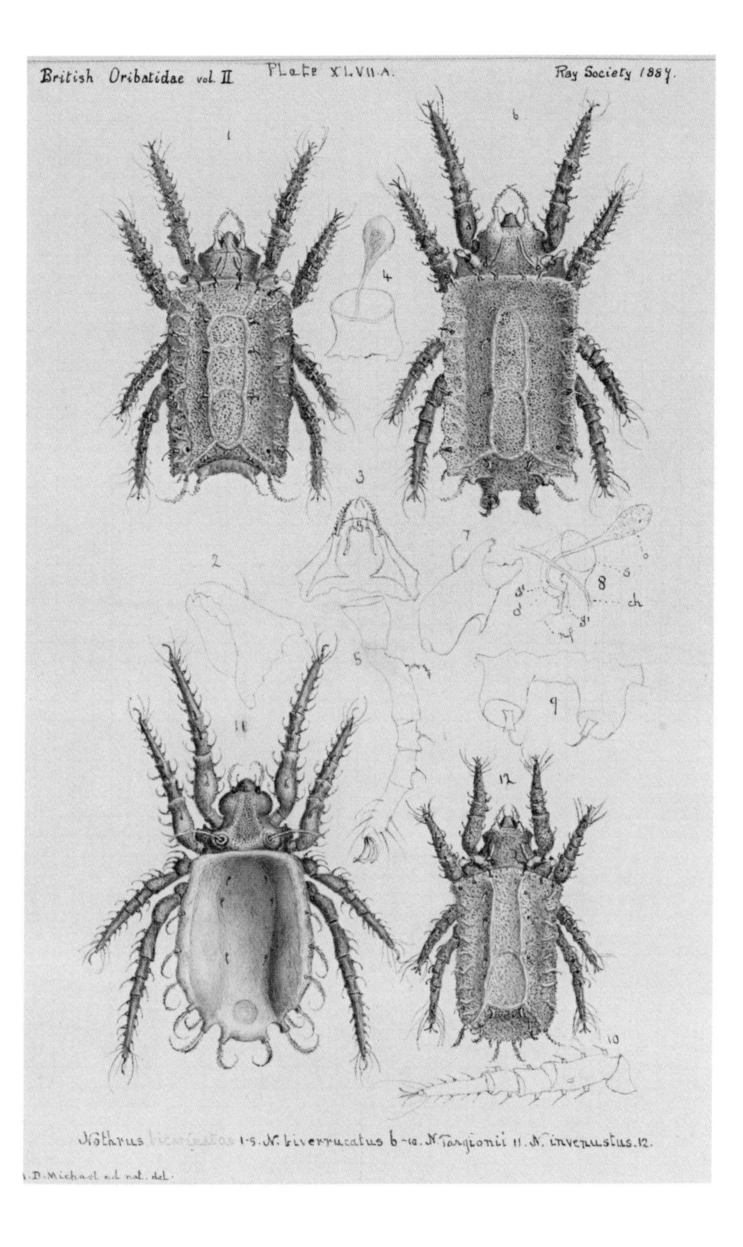

懒甲螨科（左图）

（*Nothridae*）

甲螨是一类土壤螨类，常见于林地土壤中分解有机物。它们近于针头大小，身长从0.2毫米至1.4毫米不等。不列颠群岛有300多种甲螨，不过，其中有四分之一的种类要么只有单一记录，要么在这50年来没有人收集其样本。这张画的原图选自迈克尔于《英国甲螨》中的经典作品。

艾伯特·戴维森·迈克尔
（1836−1927年）
纸上墨水水彩画
1887年
253mm×170mm

赭带鬼脸天蛾（左页图）

（*Acherontia atropos*）

不列颠群岛发现的大多数飞蛾都是定居种，但由于气候变暖，近年来有越来越多的蛾类从大陆迁徙至此。赭带鬼脸天蛾并非本土蛾类，而是每年从南欧迁徙至群岛。这是一种大型蛾类，翼展可达12厘米，在受到侵扰时还会发出尖叫声。它的英文名death’s-head hawkmoth源于其胸前头骨状的花纹。

弗朗西斯·奥拉姆·斯坦迪什（1832−1880年）
纸上水彩画
约19世纪中期
302mm×228mm

大栗鳃角金龟

（*Melolontha melolontha*）

大栗鳃角金龟的雄性和雌性很容易区分，因为雄性的鹿角状触角上有7片“叶子”，而雌性只有6片——这张图中的细节是错误的。雄性的触角也更长，能辅助它们在交配季节侦测到雌性散发的信息素。大栗鳃角金龟常常出现在农田里，它们的幼虫食量惊人，会对庄稼造成极大的破坏。

西奥菲勒斯·约翰逊

（1836–1919年）

纸上水彩画

约19世纪末

250mm × 178mm

左：金花金龟（*Cetonia aurata*）；上与下：欧洲深山锹形虫（*Lucanus cervus*）

金花金龟是一种亮金绿色的大型甲虫，常见于英国南部。而欧洲深山锹形虫是英国最大的甲虫，雄虫体长可达11厘米。两种甲虫的栖息地相同——堆肥堆或腐烂的木头，而且这两种昆虫的幼虫并不那么容易区分。

西奥菲勒斯·约翰逊
（1836–1919年）
纸上水彩画
约19世纪末
250mm×178mm

水蛛

（*Argyroneta aquatica*）

这种蜘蛛主要生活在水下，其丝质巢穴使它能在水下呼吸。它是在水下植物间吐丝结成的巢，巢的外形酷似一个潜水钟。接着水蛛将身体末端伸出水面，等到再度潜入水中时，它便利用自己腹部及腿部疏水的体毛聚集了一个水泡。这个水泡会被储存在它的钟形巢中，作用就如同氧气罐。

弗兰克・欣金斯（1852–1934年）

卡片水彩画

约1900年－20世纪20年代

190mm × 132mm

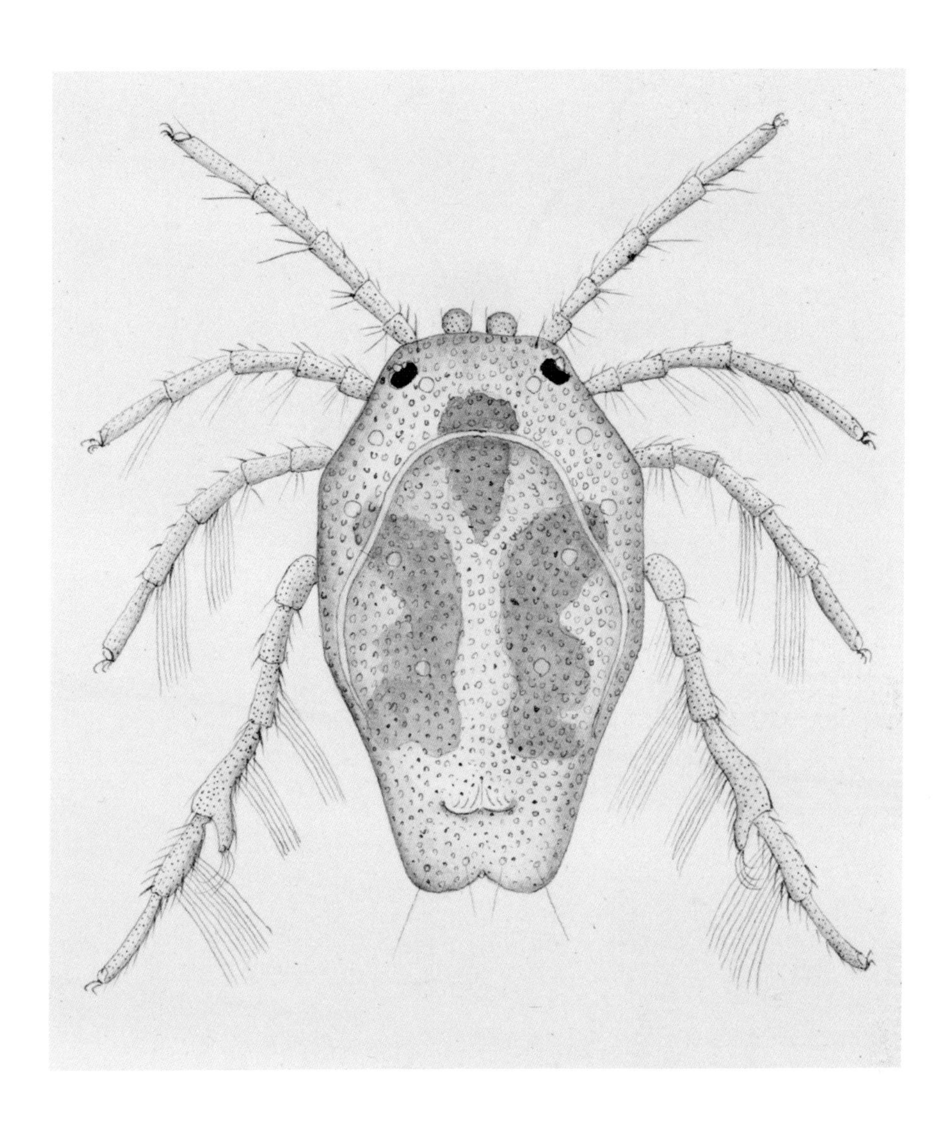

斯氏雄尾螨

（*Arrenurus scourfieldi*）

这张插画的原版画发表于1913年出版的《奎基特显微俱乐部杂志》中，附文将其描述为一种新型水螨。索尔以戴维·约瑟夫·斯库菲尔德（1866–1949年）之名为它命名。后者在康沃尔郡采集到了这种水螨，他是位业余生物学家及显微科学家。斯氏雄尾螨是蜘蛛的近亲，有8条腿和柔软的身体。

查尔斯·戴维·索尔（1853–1939年）

卡片水墨画

1913年

100mm×100mm

耳蝽（上图）
（*Troilus luridus*）
该图原画出版于索思伍德和莱斯顿的《不列颠群岛的陆生及水生小虫》（1959年）中。耳蝽是盾蝽中的食肉种之一，广泛分布于英国及爱尔兰各地。它们的英文名bronze shidldbug源自其纹章盾般的形状。

汉弗莱·德拉蒙德·斯温（1902–1959年）
卡片水彩画
约20世纪50年代
103mm×89mm

从上至下：暗色灌丛蟋蟀（*Pholidoptera griseoaptera*），成年雄性；暗色灌丛蟋蟀（*Pholidoptera griseoaptera*），成年雌性；灰色灌丛蟋蟀（*Platycleis albopunctata albopunctata*），成年雄性；灰色灌丛蟋蟀（*Platycleis albopunctata albopunctata*），成年雌性（右页图）
这两种灌丛蟋蟀都属于螽斯科，并且是不列颠群岛的本土物种。灰色灌丛蟋蟀较为稀有，它们只在沿海生存。而暗色灌丛蟋蟀更常见，不过它们没有翅膀，因此无法像灰色灌丛蟋蟀一样飞翔。

汉弗莱·德拉蒙德·斯温（1902–1959年）
卡片水彩画
约20世纪50年代
332mm×215mm

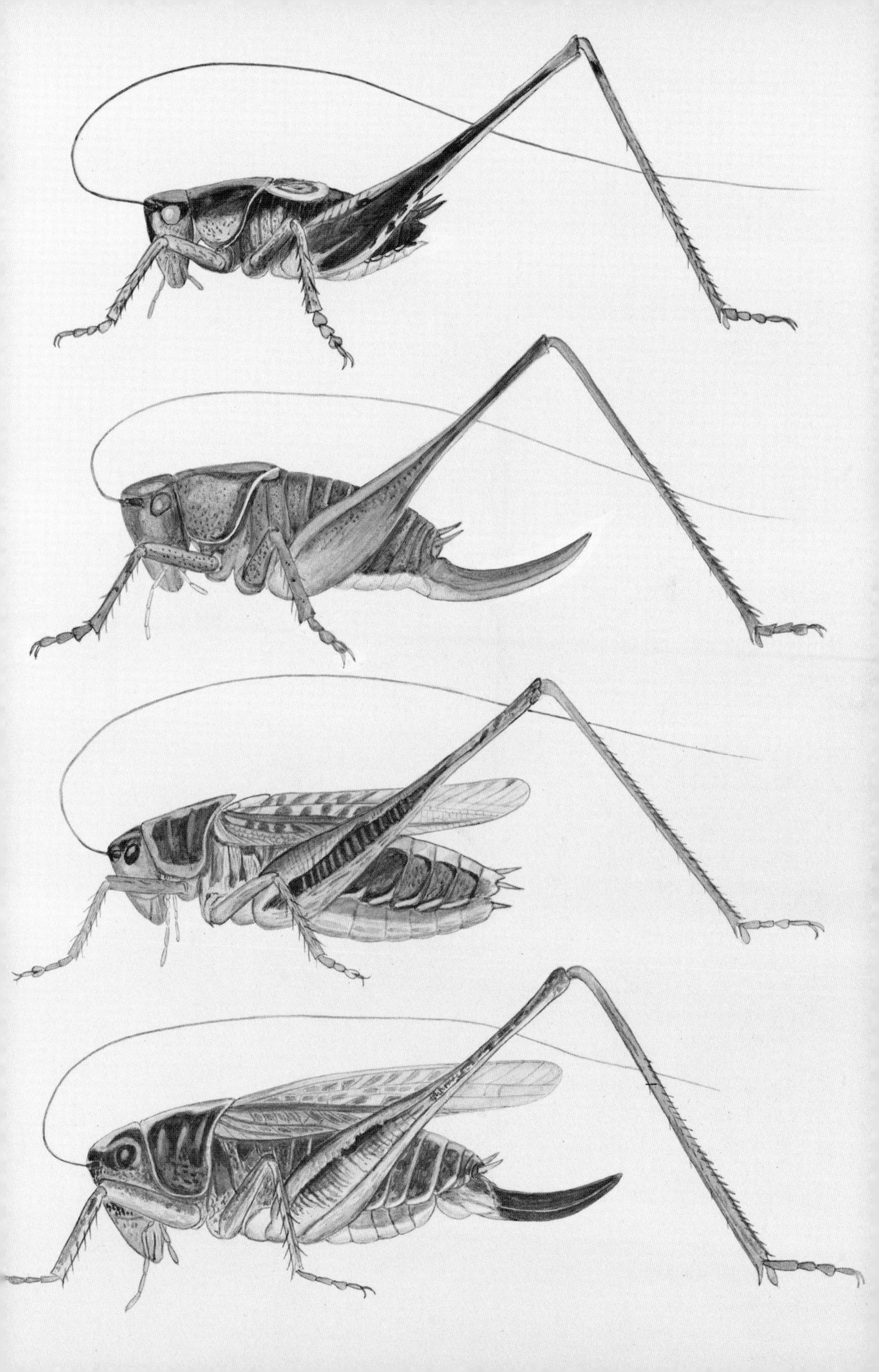

底部中央：荆豆小卷蛾（*Cydia ulicetana*）在荆豆（*Ulex europaeus*）豆荚中的一只幼虫；左与最右：柳芽小卷蛾（*Cydia servillana*）幼虫在柳树（*Salix*）树枝上形成的瘿状突起；顶部中央：豆荚小卷蛾（*Cydia nigricanatus*）在豌豆（*Pisum Sativum*）豆荚中的一只幼虫（右图）

史密斯的插图展示了小卷蛾科不同种类的蛾类幼虫。在图中，这些幼虫居于它们食用的植物上，至于柳芽小卷蛾，则是呈现了幼虫孵化并钻进宿主组织后形成的虫瘿或肿胀。

阿瑟·克莱顿·史密斯
（1916–1991年）
纸上石墨墨水画
约20世纪70年代初
不同尺寸

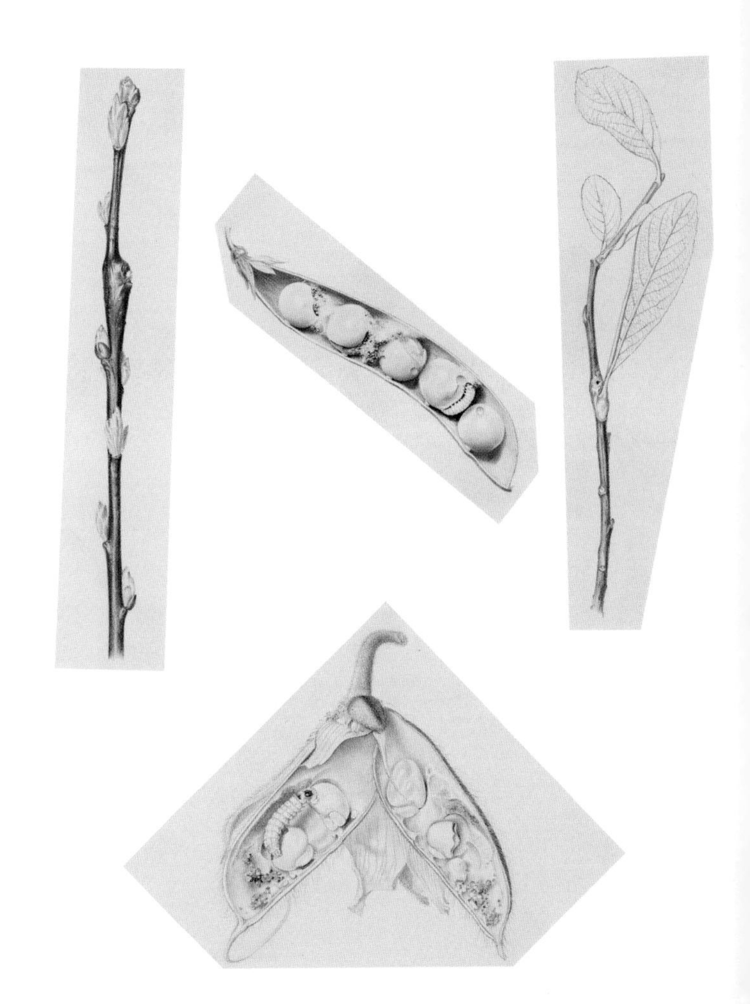

草隆头蛛（右页图）
（*Eresus sandaliatus*）

草隆头蛛又叫瓢虫蜘蛛，这个名字源于其成熟雄性的身体色彩，而雌蛛和雄性幼蛛是全黑色的。人们本以为它们已在英国灭绝，但1980年又重新发现了其个体。尽管人们在不断努力增加其种群数量，但它们依然极其稀少。《英国濒危物种红色名录》将其列为濒危物种。

迈克尔·罗伯茨
（出生于1945年）
卡片墨水画
1978年
265mm×183mm

25 April 1984
Undoubtedly there
is one small one resident
on these nettle stalks

从上至下，从左至右：
三列剑纹夜蛾（*Acronicta tridens*）
灰色剑纹夜蛾（*Acronicta psi*）
睡菜剑纹夜蛾（*Acronicta menyanthidis*）
皇冠蛾（*Craniophora ligustri*）
灰剑纹夜蛾（*Acronicta cinerea*）
梨剑纹夜蛾（*Acronicta rumicis*）（左图）

不列颠群岛记录有2500多种蛾类。这里的插画集合来自一批水彩画精选收藏，它包括540张原画，描绘了英国蛾类和蝶类的幼虫。其中一些画出版于W. J. 斯托克的《英国蝴蝶幼虫》（1944年）和《英国蛾类幼虫》（1948年）中。

约翰·查尔斯·多尔曼（1851–1934年）
纸上水彩画
约20世纪初
162mm×118mm

钩粉蝶（*Gonepteryx rhamni*）和白钩蛱蝶（*Polygonia c-album*）（左页图）

人们认为梅热斯属于最早一批描绘在自然栖息地中飞行的蝴蝶的画家。他画的蝴蝶非常迷人，而艺术素养使他发展出一种杰出的技艺，能够以流畅又自由的风格捕捉它们美妙的瞬间。除此之外，他还为画作附注了详细的笔记与观察记录，每张画上都有日期和时间。他的作品《蝴蝶的季节：1984》最终于1996年出版。

戴维·梅热斯（1937–2011年）
纸上水彩墨水画
1984年
277mm×210mm

红裙灯蛾（左图）
（*Euplagia quadripunctaria*）
过去，迷人的红裙灯蛾主要分布在海峡群岛和英国西南部，但近年来，它们的领域扩展到了英国南部更多的郡县。过去10年里，它在南伦敦渐渐变得常见。和其他飞蛾不同，人们在白天也能看见红裙灯蛾吸食植物的花蜜。

弗雷德里克·威廉·弗罗霍克（1861–1946年）
纸上水彩画
约20世纪初
140mm×89mm

黑带二尾舟蛾（左页图）
（*Cerura vinula*）
黑带二尾舟蛾的英文名是puss moth（直译为猫咪蛾），这是因为它全身覆盖着猫一般柔软的绒毛。它的绿色幼虫也有明显的特征：尾部有尖刺般的突起，头部有一张环绕着红色的“脸”。弗罗霍克为众多鸟类书籍描绘过插画，但他的主要热情在于蝴蝶和蛾类。在插画上，他受到了动物学家沃尔特·罗斯柴尔德（1868–1937年）的鼓舞，1927年，因财政需要，他将自己的蝴蝶藏品卖给了罗斯柴尔德。现在它们的新居是伦敦自然博物馆。

弗雷德里克·威廉·弗罗霍克（1861–1946年）
纸上水彩画
约20世纪初
140mm×89mm

茴鱼（上图）

（*Thymallus thymallus*）

茴鱼被称为“水中夫人”，它在不列颠群岛分布广泛，是茴鱼属唯一的欧洲本土种。这张图所属的系列包括127张英国鱼类水彩画，是惠勒在1897年至1908年间完成的。

埃德温·惠勒（1833–1909年）
纸上水彩画
1899年
274mm×382mm

三刺鱼（右页图）

（*Gasterosteus aculeatus*）

虽然名为三刺鱼，不过这些鱼的背上可以有2至4根脊刺。春季，雄鱼的喉部会变成亮红色，以吸引雌鱼。接着雄鱼会为雌鱼建筑巢穴，以便后者产卵其中。鱼卵妥善安置后，雄鱼会扇动水流，为卵提供氧气，并凶猛地抗击捕食者以守护鱼卵，直至它们孵化。

S. 亨得里（生卒年不详）
纸上水彩画
约20世纪中叶
280mm×280mm

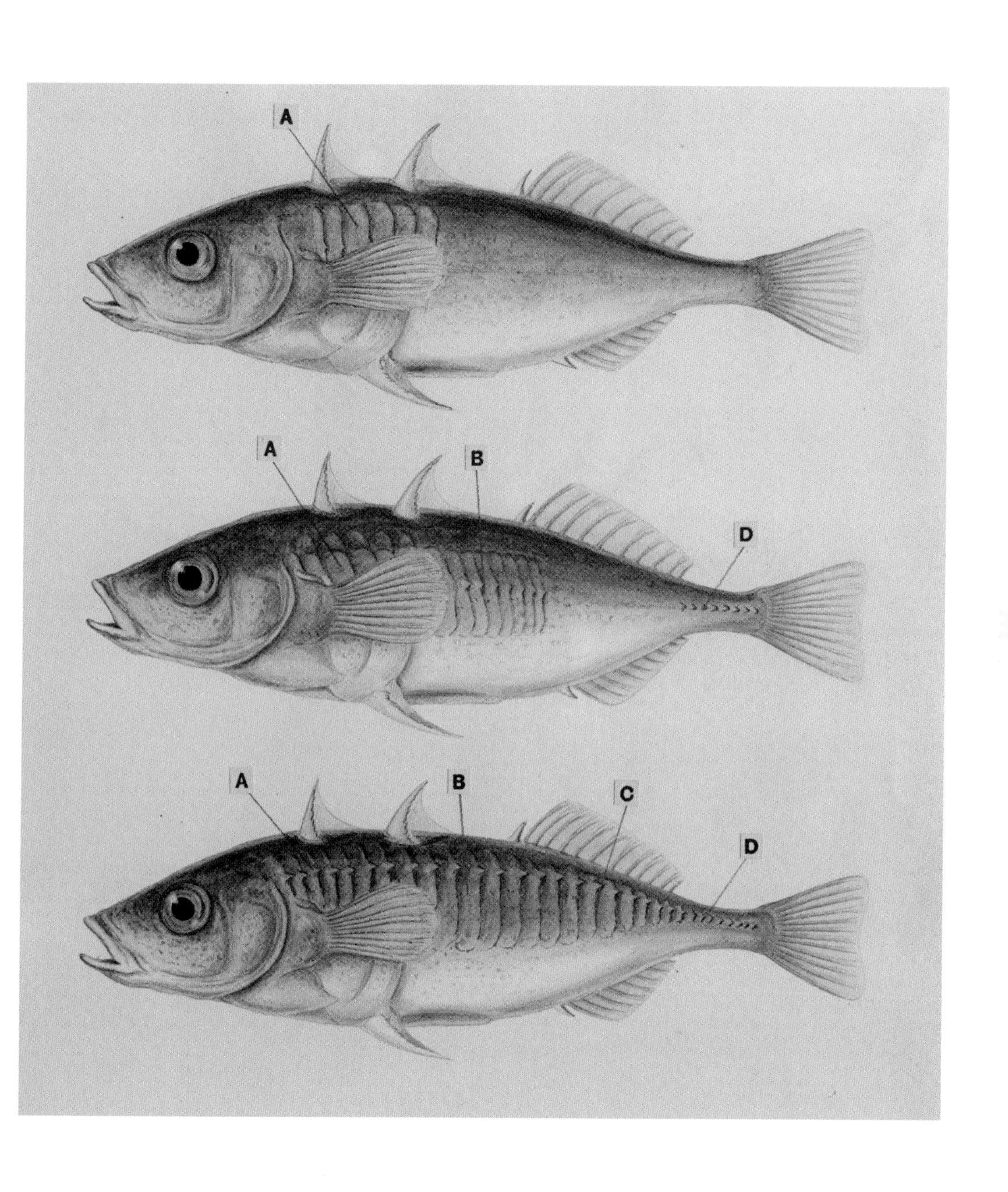
A
A
B
D
A
B
C
D

2
6
3
5
4
1

1.普通黄道蟹（*Cancer pagurus*），2.普通滨蟹（*Carcinus maenas*），3.天鹅绒蟹（*Necora puber*），4.盔蟹（*Corystes cassivelaunus*），5.斑络扇蟹（*Xantho pilipes*），6.豆蟹（*Pinnothere spisum*）（左页图）

毫不夸张地说，豆蟹的大小就如同一个豌豆，像寄生虫一样住在双壳贝类体内，如贻贝、牡蛎和蛤蜊。雄性豆蟹是游泳能手，但雌性豆蟹不会游泳，终生都在宿主体内生活。这张图出版于《海洋及海岸的观察者之书》（1962年），其描绘的标本来自伦敦自然博物馆的馆藏。

欧内斯特·C.曼塞尔（活跃于20世纪60年代）
纸上水彩画
约20世纪60年代初
280mm×192mm

皇后海扇蛤（上图）
（*Aequipecten opercularis*）

皇后海扇蛤是一种可食用的海洋双壳类软体动物，马恩岛当地人称之为“马恩岛奎尼”。它们在北海中数量众多，直径可达9厘米。这张图所属的收藏系列包括511张英国陆地、淡水及咸水贝类的水彩画，由卢因和J.阿格纽于1786年至1818年完成。

约翰·威廉·卢因（1770–1819年）
纸上水彩画
1787年
235mm×203mm

巨纵沟纽虫（上图）
（*Lineus longissimus*）
巨纵沟纽虫是已知的最长的纽形动物，就如其英文名bootlace worm（直译为靴带蠕虫）所示，它又长又薄，有些个体能长达30米。这张图中所绘的样本甚至比图中所示更长，麦金托什巧妙地捕捉到了它扭曲打结的方式。

罗伯塔·麦金托什（1843–1869年）
纸上水彩画
1867–1868年
350mm×237mm

绿沙蚕（右页图）
（*Alitta virens*）
麦金托什是著名的水彩画家，虽然英年早逝，但她为她兄弟威廉开创性的英国海生环节动物著作系列（1873–1923年）提供了许多令人惊艳的插画。这张图的原版画有文字附注，称“其样本被冲到圣安德鲁斯西沙滩上，而后被活着带至默斯利，在那里被描绘”。

罗伯塔·麦金托什（1843–1869年）
纸上水彩画
1867–1868年
305mm×235mm

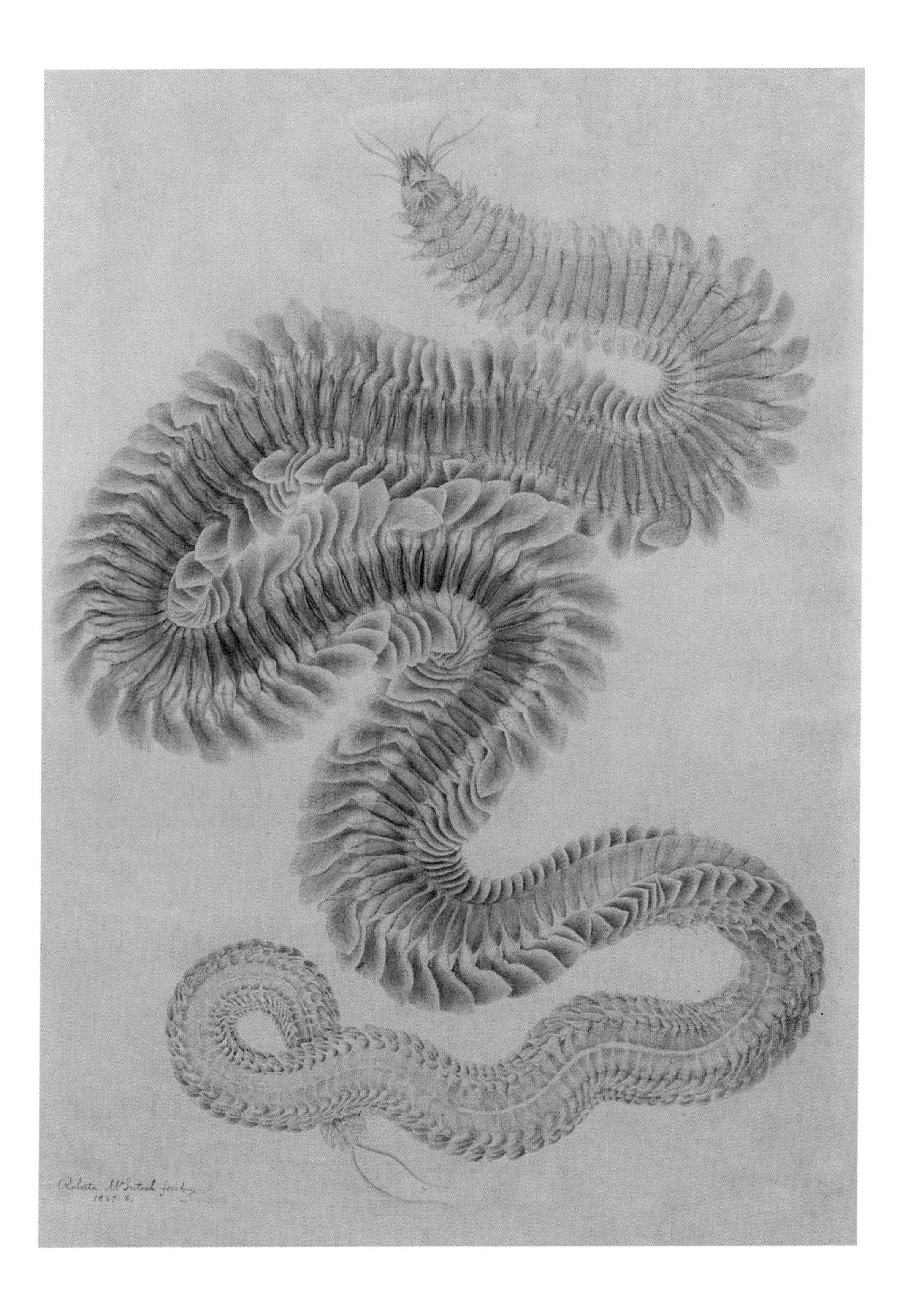
Roberta McIntosh fecit
1867. 8.

英国底栖及浮游有孔虫，展示了包括黏合形态在内的各种壳壁结构（右图）

爱德华·瓦莱（1803–1873年）是位爱尔兰博物学家，也是爱尔兰蒂珀雷里郡的地主及律师。怀尔德在瑞士出生，是挑战者号探险队（1873–1876年）的御用画家，瓦莱聘请他描绘了7张令人惊艳的有孔虫黑白版画。有孔虫是一类单细胞有壳原生生物，科学家研究其化石形态以帮助鉴定远古环境。这些画并没有出版。

约翰·詹姆斯·怀尔德
（1824–1900年）
纸上水彩墨水画
1870年
337mm×250mm

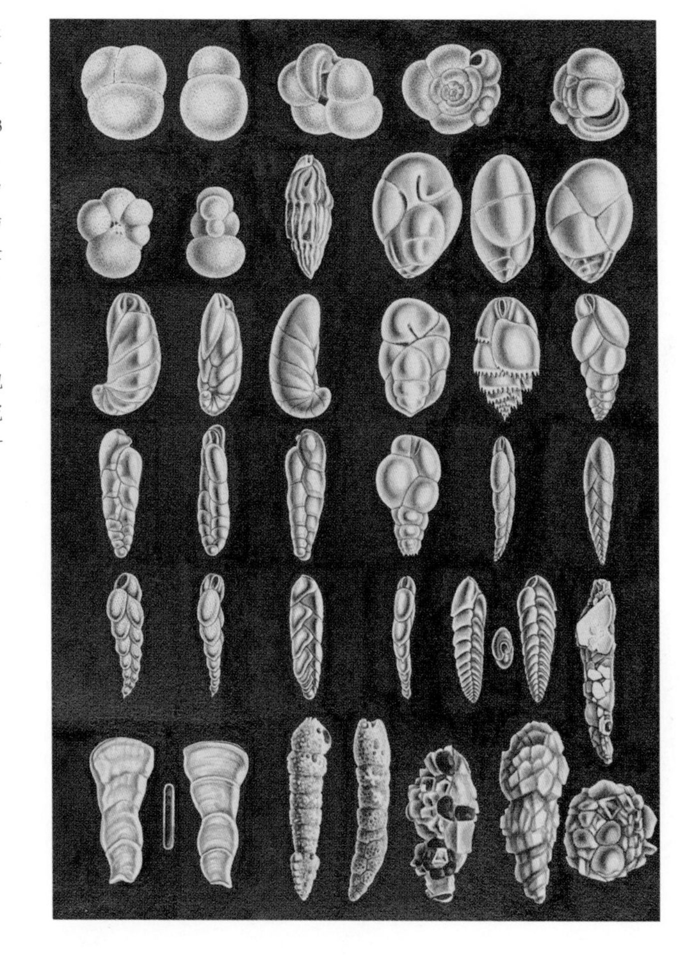

散步大蜗牛（右页图）
（*Cornu aspersum*）

散步大蜗牛是世界上分布最广的蜗牛之一，它们是农作物和观赏植物的害虫。蜗牛属于腹足纲，大都是夜行性，不过在雨后的白天也会出现。斯塔布斯是位优秀的画家，主要绘画花朵，不过他精致的有壳类画作也令贝类学家们十分钦佩。

阿瑟·古德温·斯塔布斯（1871–1950年）
纸上水彩画
约1906年–20世纪40年代
162mm×123mm

暗色欧洲蛞蝓（上图）
（*Arion subfuscus*）
暗色欧洲蛞蝓先是雄性，后变为雌性，这种性状被称为雄性先熟雌雄同体，与之类似的另一例子是小丑鱼。这种蛞蝓有一个重要且显著的特征，即腹侧肉足的腺体中产生的黏液是黄橙色的，这些黏液能帮助它在粗糙的表面滑行。

R. A. 埃利斯（生卒年不详）
纸上水彩画
1931年
191mm×153mm

1–4. 海葵目（*Actiniaria*），5–6. 石珊瑚目树珊瑚科（*Scleractinia* Dendrophylliidae）（右页图）
当暴露在空气中或被触碰时，海葵会将触手缩回，整个身体缩成一个圆球。要鉴别海葵是相当困难的，往往需要技术性解剖才能确定它们正确的种名。这张画出版于《海洋及海岸的观察者之书》（1962年）中，是其中第34张版画。

欧内斯特・C. 曼塞尔（活跃于20世纪60年代）
木版水彩画
约20世纪60年代初
262mm×184mm

1
4
3
2
3A
6
5

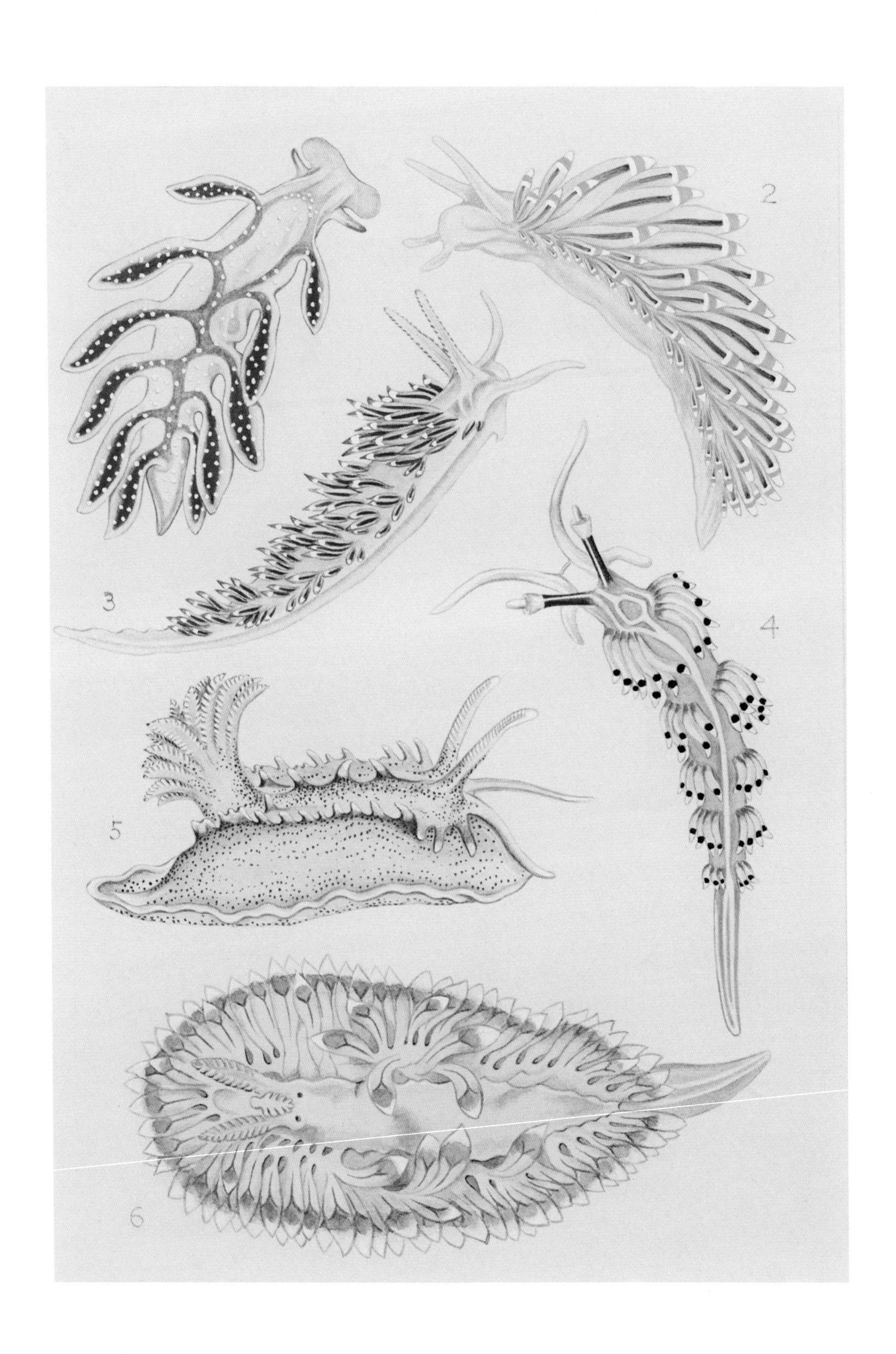
2
3
4
5
6

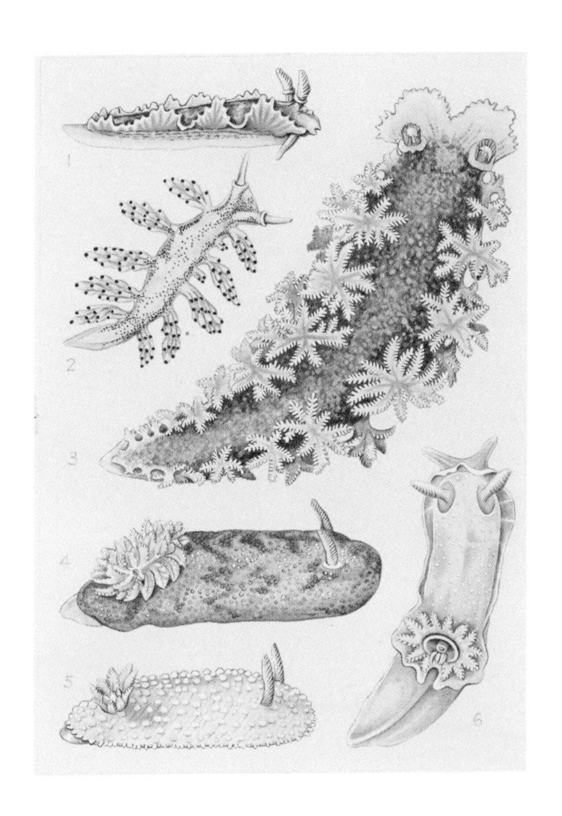

1. 丽纹突翼鳃海蛞蝓（*Embletonia pulchra*）
2. 三色真鳃海蛞蝓（*Eubranchus tricolor*）
3. 红褶扇羽鳃海蛞蝓（*Flabellina verrucosa*）
4. 白蓑海蛞蝓（*Favorinus branchialis*）
5. 秀丽海蛞蝓（*Okenia elegans*）
6. 冠背蓑海蛞蝓（*Janolus cristatus*）（左页图）

海蛞蝓是在英国海岸生活的最美的海洋动物之一。这张水彩画出版于诺拉·麦克米伦的《英国贝类》（1968年）中，该书属于风靡一时的《径边与林地》系列，画中的海蛞蝓色彩鲜明，形态纤雅。这两张版画的黑白版本起初出现于爱德华·斯特普的《贝类生活》（1901年）中，而后麦克米伦的《英国贝类》取代了它的地位。

P. 伦南德藏品（生卒年不详）
木版水彩画
约20世纪60年代
231mm×164mm

1. 花斑中东海蛞蝓（*Lomanotus marmoratus*）
2. 皇冠豆豆海蛞蝓（*Doto coronata*）
3. 洪堡三歧海蛞蝓（*Tritonia hombergii*）
4. 疣面海蛞蝓（*Doris pseudoargus*）
5. 刺毛瓣海蛞蝓（*Onchidoris muricata*）
6. 结节隅海蛞蝓（*Goniodoris nodosa*）（上图）

洪堡三歧海蛞蝓是不列颠群岛已知最大的海蛞蝓，体长可达20厘米。疣面海蛞蝓则是英国沿海最常见的海蛞蝓，被称为“海柠檬”。它和所有海蛞蝓一样是肉食性的，主要食用海绵，尤其是面包软海绵（*Halichondria panicea*）。

P. 伦南德藏品（生卒年不详）
木版水彩画
约20世纪60年代
231mm×164mm

地球科学的艺术

伊斯特本一处海滩上的卵石（右图）

富伍德是著名的英国风景画家，也是一位技艺娴熟的雕刻家。他以研究地质学为业余爱好，并对英国卵石十分着迷。他以水彩画的方式，将这些卵石精细地描绘在了空白明信片上。

约翰·富伍德（约1855–1931年）
纸上水彩画
1916年
140mm × 90mm

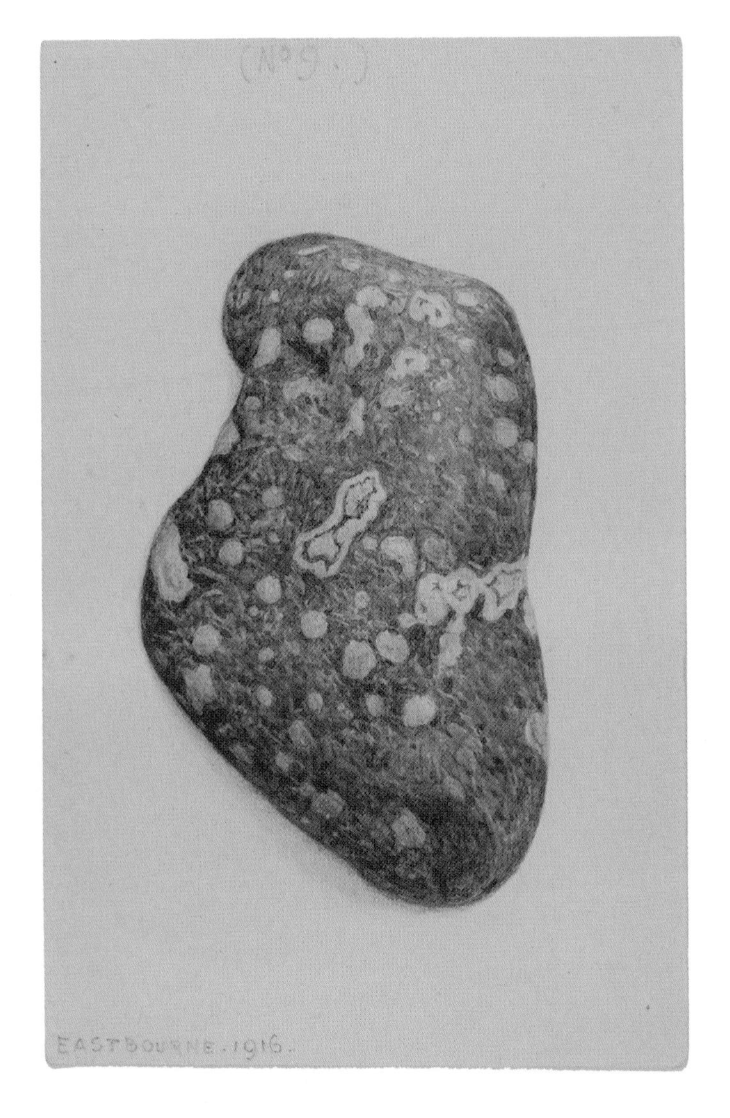

克罗默一处海滩上的卵石（右页图）

富伍德画册中有122张水彩卵石画，这些卵石主要来自英国南部及东部的海岸。沉积学领域将卵石描述为颗粒大小在2毫米至64毫米之间的岩石碎屑，比砂砾大，比鹅卵石小。它们的构成各有不同，这取决于它们来自什么样的岩石，因此它们的颜色与质地也千变万化。

约翰·富伍德（约1855–1931年）
纸上水彩画
1920年
140mm × 90mm

(№ 38.)
CROMER - MAY - 29 - 1920.

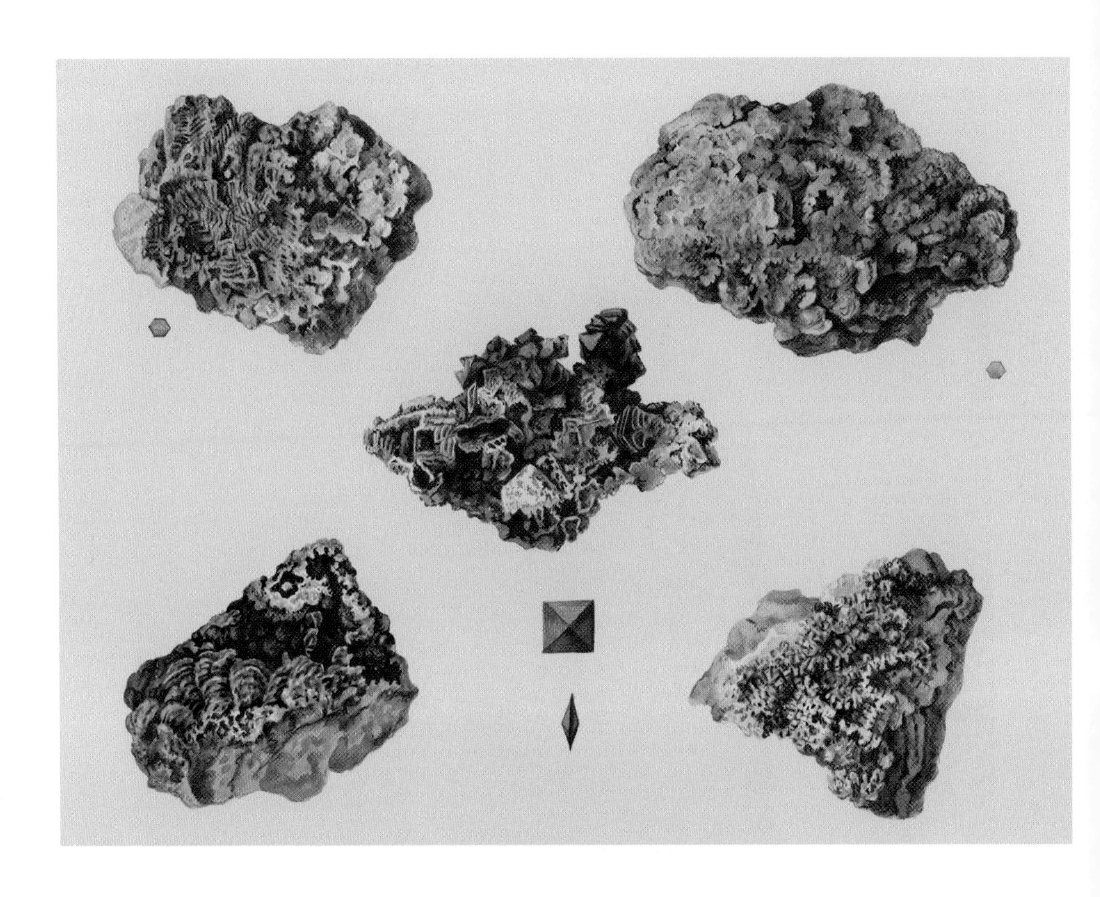

包括水砷铝铜矿、云母铜矿和光线矿在内的各种铜矿（上图）

在最早试图准确描绘自然色彩的矿物标本的著作中，菲利普·拉什利的《菲利普·拉什利展品柜中的英国矿物标本》是其中代表之一。该书分为两部分，分别在1797年和1802年出版，其中包括一些最不寻常、在科学领域最著名的英国矿物标本，它们来自史上最出色、最广博的私人矿物收藏，其中一些藏品至今仍未正式分类。

托马斯·理查德·安德伍德（1765–1836年）
纸上水彩画
约1800年
203mm×250mm

鼠鲨目（*Lamniformes*）的牙（右页图）

不列颠群岛的化石遗迹对世界范围的研究都很重要，并对史前生命科学理念的发展有着重要的意义。这张插图所属的收藏包括54张汉普郡化石的水彩画，这些化石主要来自斯塔宾顿。这些画作并无附文。人们至今依然喜欢在英国海滩上寻找鲨鱼牙化石。

J. 霍洛韦（生卒年不详）
纸上水彩画
约1800年
240mm×155mm

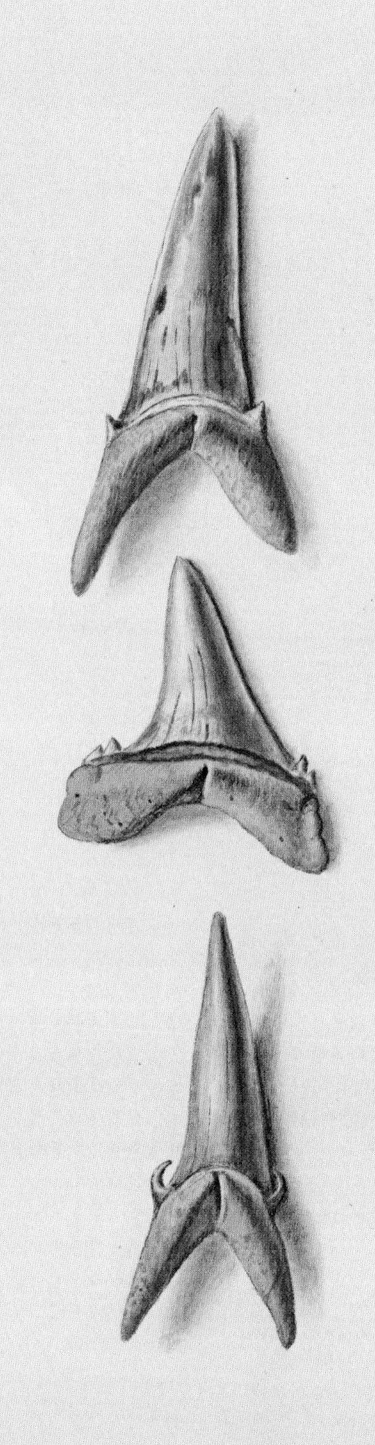

线纹新生角石（上图）

（*Cenoceras lineatus*）

这张图来自一卷化石画作，这些化石来自切尔滕纳姆附近，由索尔比为一位当地外科医生查尔斯·福勒所绘。该鹦鹉螺的完整学名是*Cenoceras lineatus*（J. Sowerby，1813），其属名是索尔比的父亲詹姆斯·索尔比（1757−1822年）先行提议的。

乔治·布雷廷厄姆·索尔比（1788−1854年）

纸上水彩画

约1840年

232mm×295mm

泡沫珊瑚（右页图）

（*Cystiphyllum vesiculosum*）

佩瑟瓦尔在一个特定区域收集他的泥盆纪珊瑚，那是西萨默塞特的伊尔弗勒科姆层的两处石灰岩区。他着迷于自己的发现，花很多时间来打磨它们的横切面和纵切面，并以它们为样本，描绘了11张水彩画。现在，他的大型珊瑚收藏和他的矿物收藏一同被起安置在伦敦自然博物馆中。

斯潘塞·乔治·珀西瓦尔（1838−1922年）

纸上水彩画

约19世纪60年代

215mm×171mm

Specimen with numerous branches.

G. Cystiphyllum
S. Vesiculosum
L. Withycombe
West Somst.
R.16084.

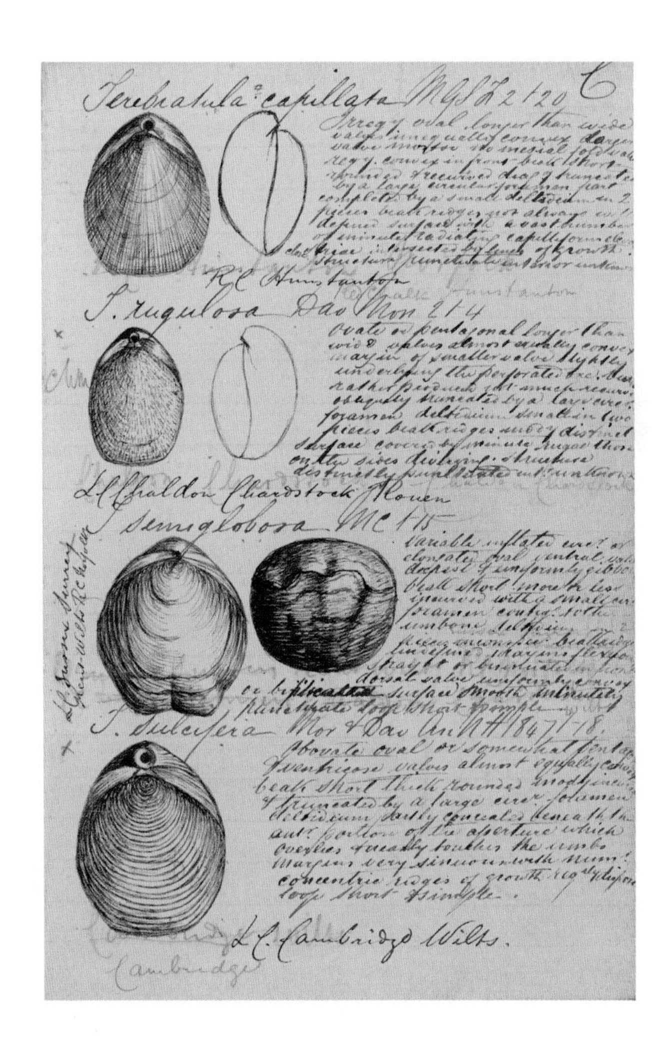

从上至下：鳞缝穿孔贝（*Capillithyris squamosa*），细毛穿孔贝（*Capillithyris capillata*），曲槽穿孔贝（*Orntothyris sulcifera*），曲槽穿孔贝

腕足类是一类被发现仅存于海中的甲壳类动物。它们有两片钙质贝壳，和蛤蜊很像，但柔软的身体部分却截然不同。远古腕足类最初出现于寒武纪，那是约5.4亿年前。古生物学家们一直都很积极地研究腕足类化石，因为它们是远古气候变化的指示符——尤其是古生代，那时候它们的数量最为丰富。

凯莱布·埃文斯（1831–1886年）
纸上钢笔墨水画
约19世纪中后期
172mm × 113mm

棱齿龙

（*Hypsilophodon*）

帕克的画展现了杰出的功底与想象力，但随着史前动物科学的持续发展，现代古生物学家认为他的画作主角有许多特征是完全错误的。早期，人们猜测棱齿龙能攀爬，因此很多画作都会将棱齿龙画在树上。但现代古生物学家对其骨骼肌肉结构进行分析，越来越多的分析结果证明，它是一种生活在地面的恐龙。

尼夫·帕克（1910—1961年）

纸上单色水粉画

约20世纪50年代

528mm × 370mm

索 引

斜体页码说明该词在插图附文中

图书在版编目（CIP）数据

可装裱的英国博物艺术 /（英）安德烈娅·哈特编著；许辉辉译. — 北京：商务印书馆, 2018
ISBN 978 - 7 - 100 - 16882 - 3

Ⅰ. ①可…　Ⅱ. ①安… ②许…　Ⅲ. ①动物 — 英国 — 图集②植物 — 英国 — 图集　Ⅳ. ①Q95-64②Q94-64

中国版本图书馆 CIP 数据核字（2018）第268142号

可 装 裱 的 英 国 博 物 艺 术

〔英〕安德烈娅·哈特　编著
许辉辉　译

商 务 印 书 馆 出 版
（北京王府井大街36号　邮政编码 100710）
商 务 印 书 馆 发 行
山 东 临 沂 新 华 印 刷 物 流
集 团 有 限 责 任 公 司 印 刷
ISBN　978 - 7 - 100 - 16882 - 3

2019年2月第1版　　开本 787×1092　1/16
2019年2月第1次印刷　　印张 8¼

定价：128.00元